# LE MANAGER EXPATRIE EN THAILANDE

Jean-Louis MARTINETTI

# Le Manager Expatrié en Thaïlande :

## Société, Bouddhisme, Interculturalité et Management

**BOD**
**Books On Demand**

**Allemagne éditions : Books on Demand GmbH, 12/14 rond point des Champs Élysées, 75008 Paris, France**
**© 2010**
**Imprimé par Books on Demand GmbH, Norderstedt**

**ISBN: 9782810618675**

# Le Manager Expatrié en Thaïlande : Société, Bouddhisme, Interculturalité et Management

Résumé :

La mobilité est aujourd'hui l'un des maîtres mots de la réussite professionnelle des jeunes cadres. Il leur est en effet, de plus en plus demandé de s'ouvrir aux cultures du monde, à la diversité et d'avoir la capacité de s'intégrer rapidement dans un nouvel environnement culturel. Cette capacité d'intégration plus ou moins rapide, dépend néanmoins de la connaissance préalable que le cadre aura de la culture dans laquelle il sera immergé. Nous nous intéressons ici au manager occidental expatrié en Thaïlande. Le cadre de notre étude peut donc être résumé comme suit : nous cherchons à potentialiser, à comprendre et à harmoniser la relation entre le manager occidental, résidant dans une culture étrangère, en l'occurrence

Thaïlandaise, et son équipe composée de thaïlandais et Thaïlandaises qui sont dans leur environnement propre. Il s'agit donc d'une relation professionnelle binationale en Thaïlande, reposant sur l'utilisation fréquente d'une langue exogène.

Nous montrerons, par notre étude, la nécessité de comprendre, d'assimiler et de s'intéresser à la culture dans laquelle nous allons être immergés. Pour cela nous détaillerons la Thaïlande sous ses aspects démographiques, historiques et politiques. Nous tenterons aussi de théoriser la société thaïlandaise afin d'en déchiffrer les principaux signaux de communication. L'importance du bouddhisme dans la région Sud-est asiatique nous incitera à réfléchir sur l'influence de celui-ci sur le management. Enfin nous décrirons l'interculturalité, idée centrale, au service de la potentialisation du rendement des équipes binationales. Nous nous appuierons sur un questionnaire transmis à des expatriés et a des thaïlandais pour déceler les perceptions culturelles de chacune des parties.

"ฉันให้ความนับถือแด่ปวงชน
ชาวไทยทุกคน,
ฉันรู้สึกถึงความสุขและความ
ทุกข์ของปวงชนชาวไทย,
และฉันภาวนาให้ปวงชนชาว
ไทยอยู่รอดปลอดภัย,
แด่ผู้คนที่ต่อสู้เพื่ออิจสรภาพ,
แด่ลูกหลานไทย,
นี้คือบทสรุปที่เรียบง่าย,
คำสัญญาของความนับถือ,
คือภาพสะท้อนจากหัวใจของ
ฉัน"

J-L Martinetti

## Remerciements

A monsieur Pierre Bigazzi,
Pour l'ouverture sur le monde que vous nous proposez,
Pour votre gentillesse, et votre dévouement aux élèves,
Pour la confiance que vous avez placée en moi.
Je suis heureux et fier de vous avoir comme professeur.

A tout le village de Bhaan Yang Ngaam,
Pour m'avoir accueilli, merci.
A Na Sao, Pong Peng, Pin Pin, Na Ban, Khun Yaye Jampa
et tous les autres

A Niyom et toute ma famille adoptive,
Je vous remercie et je vous aime.
A Po, Me, Pi Yut, Na Mone

A Sudarat, Amarin, Amnat, Pha, Nit, Somhai,
Pour votre accueil et dévouement

Merci à :

Ganoukporn, Aticha, Cholticha,
Supparin, Luc, Ron, Luke,
Jantima,

Un grand merci a Kay et Olivier,
Pour votre bonne humeur

Pour l'excellent accueil que vous m'avez réservé,
Pi Somppong, Wendy, Nittaya et Jacky

A Céline et Sakchai,
Je vous souhaite beaucoup de Bonheur

A Pim et François,
Une pensée toute particulière pour votre Bébé
A Lolo, Rom, Kenny et Jean-Mi,
Vivement le soleil, le pastis et les merguez...

A la tribu des Gays du Cours Gouffé,
Remi, Damien, Nikki, John, JR, Gueguene, le Ston, John-Le-Chinois.
Sans oublier Nathalie et Vanina

Anne-Laure
Mon réveil matin,
Merci

A Gabri, Pedro, La poch et Gilou,
Les coureurs de l'ombre,
Le soutien inconditionnel,
L'amitié, bref, merci a vous

A Niels,
Pour ton amitié et dévouement

        A ceux qui font presque partie de la famille,

Mme Chabaud et Henriette,

Michel Montes et toute sa famille

Youssouf et Assoumani

        A toute ma famille,

Plus particulièrement a
Dominique et Elsa,
Guillaume et Audrey
Jean-Baptiste et Marjorie


Un énorme merci a DD et Alain,
Pour les dictées et les cours d'orthographe

A  grand-mère Tan pour son aide précieuse

Un énorme merci a Maman, Papa et Julie, soutiens eternels

----

*A ma femme Narin,*
*Mon plus grand soutien,*
*Je t'aime.*

*A Louise-Anaïs,*
*Ma petite Ki nok, je t'aime*
*Continue de dire : « papa», « papa»*
*C'est bien plus joli que « maman » !*

*A Xia-Lalita,*
*Je t'aime ma Xi-Xi d'amour,*
*Suis le même conseil que ta sœur !*

# TABLE DES MATIERES

**INTRODUCTION p17**

**I.      PANORAMA p21**

**A. Généralités  p23**
1. Ethnies et démographie  p23
2. Thaïlande Urbaine VS Thaïlande Rurale p29
3. Les symboles de la Nation p34

**B. Histoire p42**
1. Origines p44
2. Sukhothai p46
3. Ayutthaya p48
4. Dynastie Chakri p53

**C. Les trois piliers de la nation p60**
1. Le nationalisme p60
2. La religion p62
3. Le Roi  p63

**II.  LA SOCIETE THAILANDAISE ET LES SIGNAUX DE LA COMMUNICATION p67**

**A. La société Thaïlandaise p71**
1. Généralités p73
2. Suntaree Komin : Théorie Comportementale des Thaïs p76

**B. Système Hiérarchique p96**
1. Hiérarchie et famille p99
2. Le calque familial de l'ordre Social p105
3. Le modèle « patron-client » p107
4. Puissance p111

5. La hiérarchie dans les gestes p112
6. La langue au service de la hiérarchie p115
**C. Valeurs sociales, hiérarchie et entreprises p117**
1. Valeurs sociales, complément p117
2. Le système {H, VS, E} p126

### III. LA NECESSAIRE APPROCHE BOUDDHISTE DU MANAGEMENT THAILANDAIS p131

**A. Principes Généraux p133**
1. Le Samsara p135
2. Le Karma p140
3. Cheminement sur la voie de la Sagesse p142

**B. Le Bouddhisme Thaïlandais p149**
1. Les principaux courants p149
2. La superstition p153

**C. Bouddhisme et Société p155**
1. Sangkha et Sangkhom p156
2. Influence du bouddhisme sur les modèles comportementaux p166

**D. Bouddhisme, Management : le profilage du manager Thaïlandais p174**
1. Le système des quatre vertus de Rajavaramuni p176
2. Le Profil du manager Thaïlandais p177

### IV. INTERCULTURALITE ET POTENTIALISATION DES RELATIONS BINATIONALES DANS L'ENTREPRISE p183

**A. Interculturalité et management p186**
1. La rencontre des cultures amorce l'interculturalité p186
2. Le management interculturel p189

**B. La Communication Interculturelle p194**
1. Le langage p194
2. Mécanismes de la communication p196

**C. Perceptions Culturelles Croisées p199**
1. Les Thaïs perçus par les expatries p200
2. Les Expatriés perçus par les Thaïs p201

**D. Harmonisation et Potentialisation de la Coopération en Entreprise p202**
1. Les ateliers de formation p202
2. La tempérance par la méditation p203

**CONCLUSION p207**

**BIBLIOGRAPHIE p211**

**ANNEXES p215**

### MAITREYA

*Salut, Vierge aux beaux yeux, Reine des saintes Eaux,*
*Plus douce que le chant matinal des oiseaux,*
*Que l'arome amolli qui des jasmins émane !*
*Reçois, belle Ganga, le salut du brahmane.*
*Je te dirai le trouble où s'égare mon cœur.*
*Je me suis enivré d'une ardente liqueur,*
*Et l'amour, me versant son ivresse funeste,*
*Dirige mon esprit hors du chemin céleste.*
*Ô Vierge, brise en moi les liens de la chair !*
*Ô Vierge, guéris-moi du tourment qui m'est cher !*

LECONTE DE LISLE, poèmes antiques.

# INTRODUCTION

La Thaïlande, démocratie esseulée du Sud-est Asiatique, dont les mille sourires illuminent le cœur. La Thaïlande, centre rayonnant du Bouddhisme, pôle spirituel, s'impose comme le vecteur de la sagesse orientale. La Thaïlande du miracle économique qui s'est hissée au rang de grande puissance régionale, qui a muté et s'est développée à une vitesse extraordinaire pour ensuite agir en détonateur de la bulle spéculative de 1997. La Thaïlande et son histoire complexe, mystérieuse, seule puissance du continent asiatique à avoir échappé aux empires coloniaux européens. La Thaïlande et les clichés de la prostitution vomis par des medias occidentaux accusateurs. C'est ce pays, chargé de contradictions, que nous attacherons à décrire ici.

Les résidus tenaces de son histoire sociale perdurent aujourd'hui sous la forme du clientélisme qui rythme la vie de tout un chacun, réduisant les opportunités de prise d'initiative dans les entreprises, favorisant les interactions sociales plutôt que les interactions de travail. La place qu'occupe l'histoire dans la compréhension de nombreux aspects de l'actualité économique et sociale la rend incontournable pour toute personne qui désire interagir harmonieusement avec les Thaïlandais.

La vénération, dont jouissent l'armée et la Sangkha, illustre le besoin de repères forts et incontestables d'une société qui cherche à se rassurer dans un monde économique qui demande de plus en plus d'initiatives personnelles et d'autonomie.

La religion, représentée par son clergé, et par les fonctions sociales qu'elle assume, mais aussi par sa structure calquée sur la structure familiale et sociétale est indissociable de la Sangkhom. Sangkha et Sangkhom sont liés par des interactions bilatérales importantes.

C'est la compréhension de l'ensemble constitué par l'histoire, la société, le bouddhisme qui permettra d'établir les fondements d'une relation interculturelle réussie entre le manager expatrié en Thaïlande et son collègue de travail thaïlandais.

C'est en ce sens que nous établirons un panorama de la Thaïlande, dans un premier temps, dans lequel nous décrirons successivement la géographie, l'ethnographie, les grandes articulations de l'histoire puis la symbolique nationale.

Nous décortiquerons ensuite les modèles comportementaux des thaïlandais, la structure hiérarchique qui régit les rapports interpersonnels et enfin les différentes valeurs sociales.

L'interrelation entre le bouddhisme et la société, nous conduira à décrire les principes fondamentaux du bouddhisme, à déterminer dans quelle mesure ils influencent la société et de quelle manière ils peuvent être intégrés dans le management d'entreprise.

Enfin nous essayerons de décrire l'interculturalité et le bénéfice mutuel pour les employés et les entreprises de potentialiser un tel système.

# CHAPITRE I

## PANORAMA

La Thaïlande, appelée avant 1939 puis entre 1945 et 1949 le Siam, pour finalement en 1949, définitivement adopter l'appellation de Bpra têt Thaï ou Muang Thaï, **ประเทศไทย**, est bordée au sud par la Malaisie, à l'est par le Cambodge et le golf de Thaïlande puis le Laos le long du fleuve Mékong, au Nord-ouest par le Myanmar et la mer d'Andaman et l'océan indien. Il existe des reliefs élevés qui sont en situation périphérique et qui ne recouvrent qu'une surface restreinte du territoire. Ils se concentrent d'ailleurs presque exclusivement au niveau de la frontière Birmane au nord, dans une proportion de 80%. La taille (500000 km carrés). La langue officielle est le Thaï, mais de nombreux dialectes subsistent dans tout le pays. La religion d'Etat est le Bouddhisme mais toutes les croyances sont respectées et peuvent être pratiquées librement.

Depuis que les Thaïs jouent un rôle politique dans la région Sud-est Asiatique, c'est-à-dire à peu prés à l'époque du Sukhothai, jusqu'au XIXème siècle, ils étaient démographiquement moins nombreux que les ethnies qui se trouvaient sous leur domination. Le XXème siècle a vu la politique calquée sur « *l'encadrement des populations* » Mongol amorcée 800 ans plus tôt porter ses fruits et placer l'ethnie Thaïe loin devant les autres populations. Comme nous le décrirons, le peuple Thaï est ethniquement hétérogène mais culturellement homogène a l'exception du sud et de l'influence malaise. Cette homogénéité culturelle a été acquise du fait de la politique de dépeuplement massif qui guidait les intérêts économiques et politiques. La déportation des populations locales vaincues eu pour effet de favoriser le brassage des populations avec deux conséquences :

L'assimilation et l'homogénéisation selon les normes des vainqueurs[1]. C'est cette culture que nous nous proposons de comprendre. Ce sont ces Thaïlandais et leur fabuleuse capacité d'adaptation, leur sens aigu de la politique, que nous voulons essayer de comprendre et, pour cela, nous nous proposons d'aborder ici la Thaïlande

---

[1] Bernard Formoso, *Thaïlande : Bouddhisme renonçant, capitalisme triomphant*, la documentation française, Paris, 2000, p51

sous ses aspects généraux, historiques et politiques.

A.     Généralités

*Ethnies et démographie*

La population Thaïlandaise est hétérogène et comprend de nombreuses minorités qui sont plus ou moins importantes. Le paysage ethnique Thaïlandais embrasse les cultures Miaos, Khmère, Chinoise, Vietnamienne, Cambodgienne, Malaise, Indienne, Orientale (infime) et Européenne (infime)[2]. Les Thaïs représentent l'ethnie majoritaire (80%). Ils se repartissent en quatre grands groupes géographiques. *Les Siamois du Delta du Chao Phraya* sont au centre, *les Thaïs Issan* au Nord-est, les *Thaïs Pak Tai* sont au Sud et enfin les *Thaïs du nord*. Si les Thaïs Issan sont les plus nombreux, ils sont aussi les plus pauvres et les Siamois du Delta sont le groupe dominant du point de vue politique et économique. Les différents groupes ont chacun leur culture et un ou

---
[2] Kapur-Fic Alexandra, *Thailand: Buddhism, society and women*, India: Abhinav Publications, 1998, p44

plusieurs dialectes. En Issan, ou se trouvent les *Phu Thaïs*, les *Thaïs Lu*, les *Laos Song*, les *Phuans* et les *Thaïs Issan* par exemple, il est possible de trouver dans un rayon de très faible distance ( 1 a 5 Km), un village ayant pour dialecte le *cambodgien* ภาษาเขมร, puis un autre ayant le dialecte *Lao* ภาษาลาว ou bien encore un village ayant pour dialecte le *Swaï* ภาษาส่วย. Ces sous-groupes naissent de l'influence directe de leur dialecte (Cambodge, Laos, Mons) mais conservent une culture similaire très forte qui justifie l'appellation de Thaïs Issan[3].

Les Chinois représentent la minorité la plus importante (11%) dans laquelle on peut mettre en avant deux groupes : les Nationaux Chinois (1%) et les Sino-Thaïs (10%). Ce sont des Miaos (Chine du Sud), des Lisu (Tibet), des Hakka (ou Akhas, Tibet), des Chao Zhou, des Cantonais, des Hainanai ou des Huis qui ont immigré en Thaïlande pendant les XIXème et XXème

---
23023024

[3] Joe Cummings, *Thaïlande,* Lonely planet, traduction française, 7eme edition, 2006, ISBN: 9-782840-704621, p48-49; Encyclopédie Larousse en ligne, Thaïlande.

siècles[4]. Ils sont assez bien intégrés, même s'il y eu à leur encontre une période d'inimité très forte entre 1910 et 1925. Ils sont bouddhistes et parlent le Thaï et le chinois mais leur comportement diffère fortement de celui des Thaïs et, ce, notamment dans l'intimité familiale. Le fait qu'ils aient réussi à s'unir à la famille royale leur a permis de s'établir très fortement dans le paysage économique et politique Thaïlandais. Ils forment une caste puissante.

Les Malais représentent 4% de la population totale et sont de confession musulmane. Ils sont repartis dans les quatre provinces du sud que sont Pattani, Narathiwat, Yala et Satun. Ces provinces étaient des Sultanats vassaux du Royaume d'Ayutthaya. Bien que la présence Thaïlandaise sur ces terres soit ancienne, le malais y est plus pratiqué que le Thaï. De tout temps cette région a été source de violents problèmes pour le gouvernement Thaïlandais et les soldats Thaïs l'appellent

23023025——————————————

[4] Joe Cummings, *Thaïlande,* Lonely planet, traduction française, 7eme edition, 2006, ISBN: 9-782840-704621, p48-49;
Encyclopédie Larousse en ligne, Thaïlande.

la zone rouge. Ce conflit identitaire a amené de nombreux mouvements séparatistes à répandre la terreur et à plonger le sud dans l'insécurité.

Les 5% restants se partagent entre les communautés Khmères et vietnamiennes (<2%) qui se repartissent dans le Nord-est, ainsi que les tribus montagnardes et nomades.

La Thaïlande qui compte a ce jour 63,884 millions d'habitants, est le carrefour entre l'Asie du Sud Est, l'Inde et la Chine. Cette démocratie isolée dispose de l'économie la plus fleurissante du Sud-est Asiatique et présente aujourd'hui de nombreux indicateurs démographiques qui sont très proches des grandes puissances industrialisées. Elle se caractérise par une qualité de soins et de vie élevée qui la place aujourd'hui à la deuxième place des paradis de retraités (*The 10 Best Retirement Havens*, Richard C. Morais, 15.10.2009, Forbes.com). Le taux d'accroissement de la population est passé de 3.4% en 1960 à 1.9% entre 1970 et

1990 et enfin a 1% entre 1990 et 2007,[5] et cela grâce a une politique des naissances très rigoureuse conjuguée a une augmentation du niveau de vie. Le RNB par habitant est de 7900 USD ,2006 et le PIB s'élève à 547 milliards USD, 2008, plaçant la Thaïlande au 25eme rang mondial.[6] Le classement TMM5 (Taux Mortalité Moins de 5 = 7) les classe au même niveau que la France.[7] On peut souligner qu'avec une espérance de vie de 70 ans, la Thaïlande se

---

[5] *Unicef*, info by country, statistics, Thailand:
http://www.unicef.org/french/infobycountry/Thailand_statistics.html

[6] *Central Intelligence Agency,* www.cia.gov, The World Factbook,
La comparaison des PNB par habitants, 2006, montre que la Thaïlande surclasse ses concurrents directs que sont le Vietnam (2500 USD), le Cambodge (1800 USD), le Laos (1900 USD), les philippines et l'Indonésie (3000+ USD).
https://www.cia.gov/library/publications/the-world-factbook/geos/th.html

[7] *Unicef*, info by country, statistics, Thailand:
http://www.unicef.org/french/infobycountry/Thailand_statistics.html
TMM5 est un classement du nombre de morts de moins de 5 ans pour mille enfants, le 1er est celui qui a le TMM5 le plus élevé, dernier celui dont le TMM5 est le plus petit. De nombreux exequos apparaissent au fur et à mesure que le TMM5 baisse. Thaïlande et USA ont un TMM5 de 7, quand la France est à 5. Quant à lui le Vietnam est très loin avec un TMM5 de 19.

classe en tête des pays de l'Asie du Sud Est. La Thaïlande a appliqué une vaste politique d'éducation depuis très longtemps déjà et a montré un véritable acharnement dans ce domaine afin d'éduquer le peuple Thaï, l'armant ainsi au mieux pour défendre ses intérêts. Même si l'on peut reprocher à la pédagogie d'enseignement de nombreuses lacunes quant à la place de la réflexion dans l'apprentissage, les chiffres parlent d'eux-mêmes :[8] taux d'alphabétisation des jeunes 98% (hommes ou femmes). Les hommes et les femmes fréquentent le primaire à 98 %. Les différences apparaissent des le secondaire avec une plus forte fréquentation des femmes 84% par rapport aux hommes 75%. Cet écart est conservé dans le supérieur. Enfin seul le taux de mortalité n'a pas réellement évolué de manière spectaculaire : 10 en 70, 7 en 90 et 9 en 2007.

## *La Thaïlande Urbaine VS La Thaïlande Rurale*

---

[8] Idem 5, 7. Section éducation et indicateurs démographiques

La nécessité de consacrer une place centrale à la relation entre la Thaïlande urbaine et la Thaïlande rurale est justifiée par l'importance de l'impact qu'elle a sur les comportements sociaux ainsi que sur la répartition des richesses sur le territoire. L'ancrage rural est très fort. En 1990 déjà, 40% du territoire était consacré à l'agriculture, ce qui est une exception régionale.

La population urbaine représente 33% de la population totale ce qui est relativement faible pour un pays d'Asie. Cela correspond à la moyenne de la zone Asie Pacifique dans les années 90, aujourd'hui cette même zone oscille autour des 41%, *statistical year book for Asia and the Pacifique, 2008.* La population urbaine représente donc approximativement 20.8 millions d'individus dont 8 millions résident à Bangkok et périphérie soit 38% de la population urbaine. Ceci fait donc du Delta du Chao Phraya la zone géographique la plus peuplée du pays. Les autres villes sont de taille bien plus raisonnable aux alentours de 200000 habitants. (Udon Thani, Chonburi, Korat…). Le taux d'urbanisation se situe aujourd'hui à 1.7 % d'accroissement annuel[9].

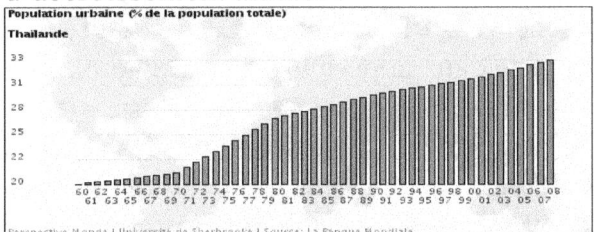

Cette évolution démographique en faveur des pôles urbains et périurbains se fait de manière très mesurée. L'existence de liens très forts entre l'individu et sa structure familiale encourage une migration de type tournante. Les jeunes travailleurs des villes ou étudiants reviennent célébrer au village les fêtes traditionnelles.

Pour des occidentaux, l'élément le plus marquant en Thaïlande qui illustre l'antagonisme entre le monde urbain et le monde rural, mais aussi la vampirisation de la ville sur la campagne, réside dans la fracture entre ces deux sphères. Il est en effet étonnant de passer d'une mégalopole énorme, tentaculaire, moderne comme Bangkok, à un petit village fait de maisons de fortune, sans eau courante, accessible

---

[9] Idem 5, 7. Section éducation et indicateurs démographiques

seulement par une piste en terre. Même si le gouvernement a fait de réels efforts pour désenclaver les nombreux villages, y compris dans la périphérie de Bangkok, il y a encore une disparité forte dans l'aménagement du territoire et celle-ci peut se décrire suivant deux axes. D'une part les inégalités centre-périphérie qui concernent la mégalopole elle-même, et les banlieues de Bangkok, très mal desservies, manquant de centres commerciaux et d'instances gouvernementales, allant pour certaines jusqu'à un amas de bidons villes ceinturant la capitale. D'autre part les inégalités entre Bangkok et le reste du pays. Bernard Formoso, dans *Thaïlande : Bouddhisme renonçant, capitalisme triomphant*, p22, décrit ainsi que le grand Bangkok abrite « *70% des effectifs du secteur manufacturier, 64% de celui des services et contribue a plus de la moitié du PIB*». De plus « *la capitale draine vers elle environ 70% du produit des banques et des assurances* ».

Autre fait intéressant qui fait prévaloir l'importance de la communauté Sino-Thaï dans l'animation économique du pays, est leur propension à être localisés quasi exclusivement dans les agglomérations urbaines. Des lors conscients de leur poids démographique (11%) on comprend le faible établissement urbain des Thaïs, et leur vocation au travail agraire.

Bangkok se situe à l'embouchure du Ménam Chao Phraya แม่น้ำเจ้าพระยา et est entourée d'eaux profondes qui lui offrent une ouverture sur la mer importante qui a très largement favorisé son essor commercial. Formoso (p22) la décrit comme le « *point terminal d'une plaine deltaïque tramée par un réseau de canaux* ». Ces canaux servaient de voies de communication, mais avec la forte urbanisation de ce dernier demi siècle, nombreux sont ceux qui ont étés bouchés afin de construire de grands axes routiers. Bangkok tout comme Venise, à laquelle elle était autrefois comparée, est sujette aux inondations et s'enfonce jusqu'à 50 cm tous les dix ans par endroit. C'est une ville congestionnée avec de nombreux problèmes d'urbanisation. Elle dispose de très peu d'espaces consacrés aux rues et requiert la construction de très nombreuses infrastructures de type Autoroutes aériennes, sky trains et autres[10]. Pour de nombreux observateurs, la capitale est asphyxiée du fait de sa croissance trop rapide.

Comme on peut s'en douter, compte tenu de la migration urbaine tournante, on trouvera en ville des jeunes célibataires, sans bagage scolaire et professionnel, vivant seuls, souvent dans la misère. La masse paysanne venue travailler à Bangkok se localise plus particulièrement dans la périphérie de Bangkok et représente 10 à 15 % de sa population totale. La ville favorise la famille nucléaire composée de la mère, du père, et de l'enfant. La campagne, elle, de son cote encouragera, par la grande proximité des membres de la famille, une structure familiale élargie aux oncles, tantes, grand-père, …

Pour conclure je soulignerai l'importance que revêt la prise de conscience de la part du gouvernement du fait qu'il lui est de plus en plus urgent de proposer une politique d'urbanisation plus saine et moins centrée sur Bangkok et sa périphérie ainsi que d'opter pour une répartition plus

---
[10] Rodolphe de Koninck, *L'Asie du Sud Est*, Armand Colin, collection U géographie, 2009

équitable de l'industrie, du progrès et des technologies de communication a tout le territoire. Cette disparité de la répartition du travail, de l'argent, des services et des hommes stimule les tensions latentes entre les groupes géographiques jusqu'alors ignorées qui mettent en péril, au long terme, la stabilité du Royaume.

### *Les symboles de la nation*

Pour les expatriés, Comprendre, reconnaître et respecter les symboles qui caractérisent la nation Thaïe est une nécessité tant les Thaïlandais y sont attachés. Ils sont d'ailleurs très reconnaissants envers ceux, qui se plient aux protocoles. Quoiqu'il en soit, ce qui importe plus que tout c'est la manière dont il est possible d'utiliser ceux-ci pour mieux déchiffrer leur culture ainsi que de constituer une base de réflexion solide pour affiner la relation du manager expatrié avec ses collègues thaïlandais. Pour cela nous aborderons les principaux d'entre eux en les classant par ordre croissant de richesse en indices de société. (Ce classement est tout à fait subjectif et sert notre sujet dans le but de clarifier le propos).

Il existe à ce jour hormis *le drapeau*, *l'hymne national*, et *Garuda* trois symboles qui ont étés officialisés récemment : *La Fleur de la Nation, L'Animal National, et L'Architecture Nationale.*

### *Sala Thaï, ศาลาไทย*

Le Sala Thaï est une petite construction de bois complètement ouverte sur les cotés, ubiquitaire dans le paysage Thaïlandais. Elle a pour vocation le repos, l'enseignement religieux mais aussi la protection à la fois contre le soleil et les pluies de mousson, c'est aussi un lieu qui concentre les activités festives des villages. Il a une réelle vocation sociale, puisque c'est un lieu d'éducation et de rencontre qui est, a tout à l'image de la culture Thaï, ouvert sur le monde et les autres. L'importance de ce symbole est aussi démontrée par la teneur religieuse qu'il prend lors des funérailles puisqu'il représente alors le centre l'univers, l'axe du monde dans la cosmologie Bouddhiste : *Le Mont Meru.*

## *Ratchaphruek,* ราชพฤกษ์ *(Cassier ou Averse dorée)*[11]

L'Averse Dorée est un arbre pouvant mesurer jusqu'à 10 ou 20 m de haut dont les fleurs éclosent en grappes. Celles-ci sont formées de 5 pétales jaunes égaux en taille et en forme. Elle revêt une signification particulière en Thaïlande du fait de sa couleur qui est aussi celle du Roi. Celle-ci est attribuée par rapport à son jour de naissance, en l'occurrence le Lundi. Elle est aussi assimilée à la couleur du Bouddhisme et de la gloire. De plus, de son mode de bourgeonnement résulte la symbolique nationale : les fleurs de tous ses arbres éclosent en même temps ce qui illustre l'harmonie et l'unité du peuple Thaï.

## *Chang,* ช้าง (Elephant)

Les éléphants revêtent, depuis plusieurs siècles, en Thaïlande, une importance toute particulière. Appréciés pour leur dextérité, leur intelligence et leur force terrifiante, ils

---
[11] Royal flower Ratchaphruek, Wikipedia the free encyclopedia, lien: http://en.wikipedia.org/wiki/Royal_Flora_Ratchaphruek

étaient redoutables au combat, et portaient généralement les rois. Ils ont pris une symbolique forte car ils évoquent dans l'esprit collectif la résistance, la protection et la survie face aux invasions Birmane. Les éléphants blancs, albinos, ont un statut particulier et dès qu'ils sont repérés, deviennent la propriété du Roi. Le mythe les concernant s'inscrit dans la tradition bouddhiste. Ils sont un signe de fertilité et de connaissance. En effet selon les écrits, la veille de son accouchement, la mère du seigneur bouddha rêva qu'un éléphant blanc vînt lui présenter un lotus (pureté et connaissance). Ils conditionnent aussi, selon la légende, le chok di **โชคดี** du souverain. Plus le nombre d'éléphants albinos sera élevé, plus honoré sera le roi, et plus son règne sera éclatant. L'importance de l'animal est telle qu'il était représenté sur le drapeau jusqu'en 1916. Il existe d'ailleurs « l'ordre de l'éléphant blanc », qui est le plus grand honneur qui puisse être décerné par le roi.

### *L'Hymne National,* เพลงชาติ

L'Hymne National Thaï a été composé en 1932, après la révolution, par Jenduriyang et les paroles ont été écrites par Saranuprabhandi en 1939. Les paroles sont intéressantes dans le sens ou elles nous permettent de mieux saisir les éléments qui affirment la cohésion des Thaïs. Dans le chant, on comprend que le pays doit être totalement indépendant des puissances étrangères et qu'il tend à ne vouloir fonctionner que par le peuple thaï lui-même, et seulement pour le peuple Thaï. Néanmoins la réalité économique met à mal cette vocation à l'indépendance économique puisque le pays dépend grandement des investissements japonais, allemands et américains. De plus il met en exergue la composante pacifique du peuple thaï, bien que celui-ci évidemment (sonnant comme une mise en garde) soit prêt a tout pour conserver son indépendance. L'union fait tout autant partie des thèmes récurrents, et souligne la difficile intégration de certaines populations Thaïe (communauté Malaisienne). La notion d'indépendance est primordiale pour le peuple Thaï comme nous le verrons plus tard.

Voici le texte traduit en français[12] :

La Thaïlande est faite de l'union du sang et du corps.
La totalité du pays appartient au peuple Thaï
Qui l'a maintenu jusqu'à présent pour les Thaïs.
Tous les Thaïlandais prétendent à s'unir.
Les Thaïlandais aiment la paix mais ne craignent pas le combat,
Ils ne laisseront personne menacer leur indépendance.
Ils sacrifieront jusqu'à la dernière goutte de leur sang
Pour apporter contribution a la Nation
Et ils serviront leur Pays avec honneur et prestige
Pour une victoire totale.

L'hymne est joué pour toutes les cérémonies officielles, mais aussi quotidiennement à 8 :00 et à 18 :00 (radios, hauts parleurs, Télévisions)

23023039

---

[12] Traduction et interprétation de l'hymne national Thaï par Martinetti Jean-Louis

## *Garuda,* ครุฑา

C'est une créature mythologique d'origine indienne, mi-homme, mi-oiseau, qui, preuve de la capacité d'absorption culturelle des Thaïlandais, a eu une force symbolique forte dès la naissance d'Ayutthaya. En effet, Garuda est, à l'origine, la manifestation terrestre de Vishnu lorsqu'il revêtait l'apparence humaine appelée *Rama* dans le Ramayana. Au début le sigle royal représentait Vishnu chevauchant Garuda, plus tard sous le règne de Rama V, seul sera conservé la représentation de l'homme-oiseau. Le lien prend encore plus de signification lorsque l'on observe les noms royaux :

- U-Thong, premier Roi d'Ayutthaya, était nommé : Phra *Rama* Tibodi ti I
- Sa Majesté Bhumibol Adulyadej, le Roi actuel, règne sous le nom de : *Rama IX*

Aujourd'hui le Garuda trône sur les passeports, les papiers officiels, les bâtiments du gouvernement, et peut même être utilise par certaine entreprises en complément de logo, par assentiment du Roi pour service rendu a la Nation. Il est en position centrale du drapeau Royal sur fond jaune, signalant la présence du Roi.

### *Le drapeau Thaïlandais,* ธงไตรรงค์

C'est le 28 septembre 1917 que le drapeau que nous connaissons aujourd'hui a été officialisé par Rama VI. Le premier drapeau, antérieur au XVIIIème siècle, était entièrement rouge. Il a progressivement évolué. Jusqu'en 1916, c'était le Tong Chang, **ธงช้าง,** un drapeau rouge avec en son centre la représentation d'un éléphant de guerre albinos. Le mythe dit que, alors que Rama VI voguait sur le Chao Phraya Ménam, après une tempête, il vît une bâtisse bordant le fleuve dont le drapeau était retourné. L'éléphant se retrouvait donc dans une position bien peu glorieuse, sur le dos, les pâtes dirigées vers le ciel. Il était vaincu. Le Roi ne trouva pas cela convenable et ordonna que l'on règle ce problème. C'est pourquoi Entre 1916 et 1917, le drapeau arbora un design plus moderne, avec trois lignes rouges et deux lignes blanches. Néanmoins le roi décida, un an plus tard, d'élargir la ligne centrale et de la changer de rouge à bleu (le bleu était la couleur de Rama VI). Le drapeau moderne était né. La symbolique de ce drapeau est essentielle dans la compréhension de la société Thaïlandaise tant elle illustre bien les préoccupations de celle-ci. Il se compose de 5 bandes horizontales qui sont du haut vers le bas, le rouge, le blanc, le bleu, le blanc, le rouge. Le rouge représente La nation Thaïe. Le blanc représente la pureté et la religiosité. Le bleu comme nous l'avons vu, représente le roi. Des lors appelé le drapeau tricolore, il avait l'avantage d'être en symbiose avec les couleurs des alliés pendant la première guerre mondiale (France, GB, USA). Le Roi, au centre de la préoccupation du peuple, le bouddhisme faisant office de ciment, la nation portant l'ensemble. Ainsi, le Roi, le Bouddhisme et la Nation (nationalisme) sont les trois piliers de la société Thaïlandaise (nous les détaillerons plus loin).

B.     Histoire

Les premiers habitants de la région étaient des chasseurs cueilleurs. Grace aux fouilles archéologiques de Ban Chiang, dans la province d'Udon Thani, classée au patrimoine mondial de l'UNESCO, considéré à ce jour comme le plus important habitat préhistorique de l'Asie du Sud-est, on a pu dater l'occupation de ce territoire à 2500 ans av. JC. C'étaient des cultivateurs, ils utilisaient de nombreux métaux et fabriquaient des poteries sophistiquées.

A l'époque préindustrielle la région était dominée par les Mons puis les Khmers. Les Mons construisirent leur empire appelé Dvaravati entre les IXème et XIème siècles. Ils possédaient vraisemblablement de nombreuses bases culturelles communes avec les Khmers. Très peu de choses sont connues sur leurs habitudes politiques et sociales si ce n'est qu'ils ont contribué a la forte implantation du Bouddhisme Theravada dans la région, qu'ils étaient inspirés par l'Animisme, l'Indouisme, et le Mahayana et enfin qu'ils étaient très influencés par les Indiens.

L'Empire Khmer se substitua à celui des Mons entre les XIème et XIIème siècles. Le centre Rayonnant était Angkor, plus grande ville de l'ère préindustrielle avec un berceau de population de presque 1000000 de personnes alors même que Paris ou Londres en comptaient 30000. Leur développement fulgurant était dû à leurs extraordinaires capacités à étendre leur territoire et à développer des systèmes d'irrigation perfectionnés leur permettant de nourrir leur multitude. Leur déclin, selon certains, a commencé le jour ou l'impact de leur civilisation sur leur environnement immédiat a été tel qu'il ne leur était alors plus possible de gérer l'irrigation de manière efficace a cause de profondes modifications microclimatiques. Les khmers ont laissé, par exemple, le superbe site de PiMai situé a proximité de Korat.

## *Les Origines du peuple Thaï*

Il existe de nombreuses théories cherchant à expliquer les origines du peuple Thaï. Si le foyer de migration n'est pas connu à ce jour, il semblerait, sur les bases de travaux archéologiques et linguistiques que les premier Thaïs vinrent des provinces du Sud de la Chine (Yunnan, Guizhou, Guangxi) ou aujourd'hui encore l'on peut trouver des populations parlant une langue très proche du Thaï moderne. Les Zhuang, par exemple, sont près de 20 millions en République Populaire de Chine[13].

Les peuples Thaïs étaient issus de territoires Vassaux du royaume de Nanzhao (faisant office de verrou placé entre la Birmanie, l'empire Khmer et la Chine). La colonisation de provinces indianisées satellitaires des empires Môn-khmer c'est faite progressivement suivant un axe Nord-Sud au cours des siècles précédent. Les Princes thaïs vainqueurs qui étaient au départ de culture a influence Chinoise, se sont imprégnés de celle des vaincus et des raffinements des élites Khmères tout en contrôlant étroitement les populations vaincues, en s'inspirant des méthodes Mongoles (déportation des familles, noyautage des autochtones, et asservissement des populations vaincues).

Ceci abouti progressivement à une assimilation progressive et réciproque qui fit que les Thaïs absorbèrent d'autant mieux les populations conquises. La création des principautés ; qui marquent le début de l'ère Thaïe, est contemporaine de

---
[13] Bernard Formoso, *Thaïlande : Bouddhisme renonçant, capitalisme triomphant*, la documentation française, Paris, 2000, p34 a 40

l'affaiblissement des empires régionaux que sont la Birmanie, Angkor, et le royaume de Nanzhao sous la pression des forces mongoles dirigées par le Khan Kubilaï. C'est finalement l'union entre les Thaïs et les mongols qui fit sauter le verrou Nanzhao (1253 a. JC) et qui favorisa en 1279 le renversement des môn-khmers et l'avènement du Sukhothai par Ramkhamhaeng.

## *Le Sukhothai, XIII – XVème siècles*

Au début, le Sukhothai était une principauté sous dépendance de l'empire môn-khmer. Comme nous l'avons entrevu plus haut, c'est à l'affaiblissement et au démantèlement des puissances régionales fortes par le Khan Kubilaï que *Po Khun Ramkhamhaeng*, Roi guerrier a pu défaire et soumettre l'autrefois grandiose empire Khmer. La stèle mortuaire érigée en son honneur nous apprend beaucoup sur ce Roi, qui fut adoré par son peuple et qui vécu dans l'austérité contrairement à sa descendance qui repris les fastes et le raffinement de la cour Khmère. Il était très accessible et se faisait fort de protéger et d'aider ses sujets comme un père. Il en était de même pour son père (Sri Inthrathit). C'est pourquoi les Thaïlandais les nomment avec le préfixe : Po Khun (**พ่อ ขุน**) qui signifie Père (Po) et la marque de respect (khun). Ils étaient les pères de leur peuple, et les pères de tous les royaumes Thaïs, de toutes les dynasties à venir.

Ramkhamhaeng entreprit de réformer l'écriture des Thaïs et en définît les bases. Plutôt que de créer un nouveau système d'écriture, il resta fidèle à la tradition d'assimilation de son peuple et composa donc avec l'écriture cursive Khmère déjà existante et répandue dans tout son Royaume. Il y ajouta les marques tonales de la langue Thaïe, et accomplît un miracle d'intégration : la haute langue de l'élite fut très influencée par le vocabulaire Khmère alors que la langue parlée par le peuple évolua selon les influence Thaïes. Cela permit la juxtaposition des langues en évitant l'écrasement d'une langue par rapport à l'autre.

Le Royaume de Sukhothai, petit à petit, perdit son influence sur les autres royaumes Thaïs pour au moins deux raisons. En effet, les successeurs de *Po Khun Sri Inthrathit* et de *Po Khun Ramkhamhaeng* étaient bien moins doués pour la politique. Ils se sont contentés d'axer leur règne fortement sur la religion au détriment des affaires d'Etat. Leur manque de compétences associé a la montée en puissance d'un Royaume plus au nord appelé Ayutthaya provoque le déclin du Sukhothai.

## *Le Royaume d'Ayutthaya,* 1350-1767

Le déclin du Sukhothai facilite l'ascension du Royaume d'Ayutthaya. Cette nouvelle ère commence réellement lorsqu'en 1378 le Sukhothai en est réduit à devoir accepter le protectorat de son territoire proposé par son rival et finira au XVème siècle par être complètement absorbé en prenant le statut de province du royaume. Ayutthaya a incorporé de nombreux états Thaïs périphérique dans son orbite. Plus grande puissance du bassin du Ménam, Ayutthaya dominera la région 417 années, bien qu'en 1569 elle fut pillée par les Birmans. La ville d'Ayutthaya, construite par Rama Tibodi I en 1350, se trouve au croisement des rivières Chao Phrao et Pa Sak. Elle est établie sur l'ile résultant de la réunion de celles-ci. Elle était riche, majestueuse et abritait près de 400 temples. Sous Louis IV, en France, les deux pays entretenaient de bonnes relations, et les ambassadeurs français la comparaient à Paris. Le nom d'Ayutthaya vient du nom de la ville Ayodhya en Inde. Cette ville fût celle de Rama dans le Ramayana et elle signifie : « *Qui ne peut être conquis* ». Malheureusement elle le sera, conquise, et ce, par deux fois par les Birmans. La première fois elle ne sera que pillée, la seconde elle sera rasée.

Rama Tibodi I en plus d'avoir permis a son royaume de prendre le contrôle sur la région a aussi jeté les bases de la société Thaïlandaise. En effet pour favoriser l'union de son peuple, il promût le Bouddhisme Theravada au rang de religion d'Etat. Il a recours aux membres d'une Shanga (clergé) du Ceylan (Sri Lanka) afin que ceux-ci réforment la pratique religieuse et répandent la foi parmi le peuple. Le clergé eut alors un statut particulier qui court-circuitait la hiérarchie verticale Roi-sujets, une véritable société dans la société qui permettait de focaliser de recentrer l'attention du peuple sur les activités religieuses et d'agir comme un ciment social.

Rama Tibodi I était aussi un homme de loi qui, en définissant un code légal basé à la fois sur le Dharma sâstra indien et la coutume Thaïe, a enfanté d'une législation royale originalle qui a perduré jusqu'au XIXème siècle. C'est aussi sous son règne que va s'installer la monarchie de droit divin selon le modèle Khmère. Les Deva râjas sont des dieux rois dont la puissance émane des dieux Indra et Vishnu. Ils sont alors considérés comme les « maitre de la terre et de la vie »

Le Royaume d'Ayutthaya entretenait de nombreuses relations commerciales avec les puissances Européennes et régionales. Français, anglais, portugais, hollandais avaient la possibilité d'établir des villages en dehors des villes sur le territoire Thaï. La Thaïlande exportait les défenses d'éléphants, les cornes de rhinocéros, du bois précieux,…

Sous le règne du Roi Trailok de nouvelles règles sociales furent mises en place, connues sous le nom de Sakdina[14] qui est la

---

[14] idem 13-----, p52, 53, 54

synthèse de l'emboitement des clientèles en structure pyramidale et répartition des terres suivant le rang. A Chaque Prince, noble, roturier, esclave était attribué un grade qui correspondait à une surface maximum de rizière potentiellement exploitable.

| RANG | GRADE (en Rai, capacité de terre cultivable) |
|---|---|
| *Princes* | 100000 – 500 |
| *Fonctionnaires civils* | 10000 – 100 |
| *Roturiers et hommes libres* | 25 – 10 |
| *Esclaves pour dette engages au service du roi* | 5 |

Le roi ne distribuant pas de terres aux dignitaires du Royaume de rang inferieur a 400, la relation patron client était donc renforcée par le fait qu'il était indispensable de trouver un patron (jaonaï, เจ้าไหน) et de se placer sous son autorité pour pouvoir recevoir ses lots de terre.

Il définît aussi un système administratif de gestion du royaume basé sur une « *dichotomie droite, gauche* » (Formoso, 2000) et la création de deux Ministères généraux appelés d'une part Kalahom (affaires militaires) et d'autre part Mahatthai (affaires civiles). A priori cette reforme aurait du être efficace mais les problèmes juridictionnels de chacun des ministères créèrent de nombreux conflits qui en hypothéquèrent son fonctionnement. Déjà l'armée et les civils avaient du mal à respecter les limites de leur prérogatives et leurs luttes reflétaient et laissait présager de l'instabilité politique et des coups d'états militaires qui séviront quelques siècles plus tard dès l'avènement de la démocratie Thaïlandaise.

La suprématie d'Ayutthaya sera définitivement annihilée des lors que les Birmans, pour leur deuxième prise de la cité en 1767, décidèrent de la raser pierre par pierre. Il s'en suivit une période de chaos, de confusion profonde de laquelle un héro naitra et s'élèvera pour reconstruire la Nation Thaïe et offrir aux Chakri un pays ordonné et uni : le Roi Thaksin.

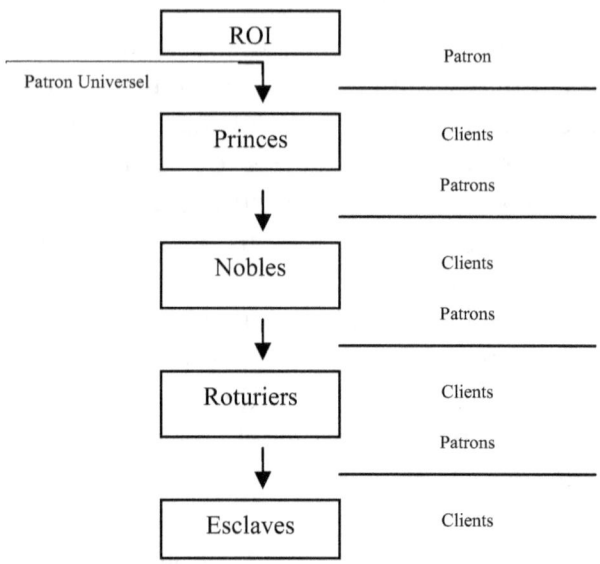

Fig. 1: le modèle patron client
utilisé dans la Sakdina

## *La dynastie Chakri, 1781- présent*

Thaksin fut donc le héro qui, après le sac d'Ayutthaya, reconstruisît l'armée puis reconquît les territoires thaï sur les birmans (Cambodge, nord de la Malaisie, Lan na) et redynamisa l'économie en intensifiant les rapports avec les puissances européennes. Par une intuition géniale, il décida de faire de Bangkok la nouvelle capitale. Par sa nouvelle situation géographique elle sera d'une part mieux protégée, et, d'autre part, idéalement placée, puisque entourée d'eaux profondes, ceci favorisant les échanges commerciaux et l'ouverture du pays au monde. Il fut renversé par le général Thong Duang en 1781.

Ce renversement est le point de départ de la dynastie Chakri et Thong Duang prit le nom royal de Rama I. Il réussira à consolider l'emprise de l'empire dans la région et fit de la Thaïlande la place forte du Bouddhisme theravada.

La dynastie Chakri a donné neuf souverains dont les noms royaux s'échelonnent de Rama I à Rama IX. L'histoire des Chakri peut très grossièrement se résumer à, d'une part une période de monarchie absolue de droit divin, d'autre part une période de monarchie constitutionnelle amenée par la révolution de 1932. J'ai choisi, pour illustrer la période d'absolutisme, de ne retenir que les rois Rama IV et V qui, pour moi, ont été déterminants dans l'affirmation de l'identité Thaï et la construction de la mémoire collective. Je ne décrirai, de la période de 1932 à nos jours, que brièvement, la révolution de 1932, et, l'instabilité politique qui en a découlé et qui a perduré jusqu'à aujourd'hui. Je traiterai de Rama IX à part.

***Mongkut, Rama IV, 1851 à 1868 :*** Son règne prit place alors que les puissances coloniales redoublaient d'activité dans la région. En effet le Vietnam et la Birmanie commençaient à être dépecés par les supers empires français et britanniques. Alors que dans sa jeunesse, il y avait deux prétendants au trône, il choisit, afin d'éviter tout conflit de succession de s'isoler dans la vie monacale et ce jusqu'à son sacre (de 24 a 51). Cette retraite lui a permis de rencontrer le peuple, de méditer sur le bouddhisme et la place de celui-ci dans la société Thaïlandaise, de s'ouvrir sur le monde occidental en étudiant le latin, l'anglais, l'astronomie et les mathématiques au contact des missionnaires français et britanniques. Une fois au pouvoir, il fit face à la menace coloniale en adoptant la méthode utilisée de tous temps par les Thaïs : la vassalité multiple. Celle-ci consistait finalement à octroyer les mêmes privilèges à toutes les puissances occidentales tout en jouant sur les rivalités internes aux grands empires. Du fait des sollicitations occidentales il dût néanmoins réformer le système de taxes. Il commença alors la modernisation du pays, en sollicitant des consultants étrangers et en incitant l'immigration chinoise pour dynamiser l'économie. Cette modernisation toucha aussi bien les domaines judiciaires, que policiers ou bien le génie civil (routes, canaux,...) et économique avec en l'occurrence la première monnaie frappée. D'un point de vue religieux il créa l'ordre Thammayuthika que nous décrirons plus tard.

***Chulalongkorn, Rama V, 1868 à 1910 :*** Fort de sa conviction de l'importance de la compréhension du modèle occidental et de l'impact du retard technologique de son pays sur ses puissances, Mongkut prodigua à son fils une éducation mixte, a la fois siamoise et européenne. Cette ouverture lui permis de mieux appréhender les menaces britanniques et françaises, plus fortes encore que par le passé. Il entreprit de continuer l'effort de réforme amorcé par son père et y greffa des avancées sociales fortes (fin progressive de l'esclavage). Ainsi créa-t-il le conseil d'état, un conseil privé, la haute cour de justice et supprimera-t-il le Kalahom / Mahatthai. Pour réaliser ses reformes il sollicita des experts étrangers de tout horizons afin de ne pas favoriser le monopole d'une nation sur sa nouvelle organisation étatique.

Au centre des conflits entre Britanniques et français, il dût faire de nombreuses concessions territoriales (prés de 50% du territoire en 40 ans). Néanmoins jouant des réticences françaises et britanniques à entrer en guerre directement, risquant de ce fait, de déstabiliser l'équilibre précaire de la région, il réussît à jouer le rôle de tampon entre les deux puissances et même à s'assurer la garantie de souveraineté de son territoire par celles-ci.

Dans l'imaginaire collectif thaïlandais, il jouit encore d'une notoriété extraordinaire à ce jour et il est le ciment du nationalisme Thaïlandais, bien qu'il n'ait jamais fait référence à la notion de nation.

Chulalongkorn représente l'image parfaite du dieu roi, adulé par son peuple, et de la monarchie de droit divin qui est alors à son apogée.

***La révolution de 1932 et ses conséquences :*** Après la mort de Rama V, Vajiravudh devînt Rama VI et avec lui l'exaspération contre la monarchie se renforça. Plus radical, plus autoritaire et dépensier, il durcît son mode de gouvernance. Il mît en place un certain nombre de mesure visant à développer le sentiment national. Il transforma le drapeau et lui donna la symbolique des trois piliers de la société Thaïlandaise. Il développa des thèses racistes (il qualifiera les chinois de « juifs de l'Orient »), qui servirent de point d'ancrage aux nationalistes pour s'allier au Japonais et sympathiser avec les thèses nazis quelques années plus tard. Les crises économiques en 1921 et 1929 finirent par discréditer complètement la monarchie. L'arrivée au pouvoir de Rama VI en 1925, par manque d'expérience et subissant un contexte économique international exécrable ne pût empêcher la monarchie de péricliter. Le 24 juin 1932, le PDP prît le pouvoir après un coup d'état sans violence.

Les leaders du PDP étaient un savant mélange de militaires et de civils. Ils étaient issus de la bourgeoisie et ne pouvaient accéder au pouvoir, barrés par la noblesse. C'est a Paris que la résistance contre l'absolutisme c'est organisée avec notamment, Pridi Phanomyong (juriste) et Phibun Songkhram (militaire). C'est sous Phibun que le Siam sera appelé Thaïlande, signifiant « *le pays des hommes libre* ». Néanmoins pour être un bon Thaï, il faut être bouddhiste, ce qui exclu donc une certaine partie de la population.

La suite de l'histoire, ne sera qu'un grand ballet entre dictature militaire, alliance avec l'impérialisme japonais, politique pro-américaine, chasse aux communistes, et, coups d'états. On peut imaginer, que l'instabilité politique (18 coups d'états) trouve son fondement dans les reliquats des structures hiérarchiques féodales, qui place l'armée comme un réel parti politique, incarnant des repères clairs pour la population. L'éclatement des valeurs collectives et la course au statut et au clientélisme, rongent les partis civils qui n'ont rien d'autre à opposer à l'armée que le désordre et les luttes intestines.

## C. Les trois piliers de la nation, *ชาติ, ศาสนา, พระมหากษัตริย์*

Le drapeau adopté en 1917 retranscrit exactement les trois piliers de la nation que sont le nationalisme, le bouddhisme, le Roi.

***Le nationalisme, ชาติ :*** Rama VI, voulût promouvoir un nationalisme globalisant, à la différence des européens qui eux, sont centrés sur l'individu. La hiérarchie et l'ordre sont deux notions fondamentales du nationalisme Thaïlandais. Ces deux caractéristiques primordiales expliquent en partie l'excellente cote de popularité de l'armée auprès du peuple, puisque ces notions sont l'essence même des structures militaires. Pour promouvoir ce nationalisme, Rama VI s'appuya sur des réformes visant à renforcer le caractère national et à renforcer l'identité nationale. Hormis le drapeau, il introduisît aussi les jours fériés et rédigea une liste de noms de famille Thaïs dans laquelle ses sujets, qu'ils soient thaïs ou d'origine chinoise, devaient sélectionner le patronyme de leur choix. Malheureusement, il donna aussi au sentiment national qu'il venait d'insuffler dans l'esprit de son peuple, des connotations racistes fortes à l'encontre, en particulier des chinois, qui vont avoir des conséquences humaines et économiques importantes. Les thaïs, comme l'explique Rom Hirunpruk,[15] ont une tendance au racisme de part le jugement de la différence raciale brute (celle que nous connaissons partout) mais ont surtout des dispositions à multiplier inconsciemment les critères discriminants comme le sexe, les croyances religieuses, l'origine géographique (culture locale), la situation socio économique,…, au sein même de la société Thaïe. Je pense que c'est la structure hiérarchique et ses reliquats féodaux qui influencent la relation Thaï-Thaï pour au moins deux raisons : d'une part cette structure nécessite de créer des différences ne serait-ce que pour justifier le statut de chacun, d'autre part l'importance de ce même statut pour exister en tant qu'individu dans la société Thaïe. D'où la prévalence de cette discrimination entre Thaïlandais.

23023061————————————————

[15] Rom Hirunpruk, *Racism and social discrimination,* the Bangkok post, 6 fevrier 1994

La résistance à la pression coloniale européenne est un affluant du sentiment national et a une influence capitale sur la stabilité du pays[16]. Les colonies impliquaient presque systématiquement une déculturation qui était en grande partie due à l'imposition des critères et valeurs des européens. Les thaïs, du fait d'avoir « réussi à préserver et à protéger leur culture, religion et d'autres aspects de leur héritage national » (Kapur), ont créé les fondements de leur fierté et du nationalisme culturel.

***La religion, ศาสนา :*** La religion Bouddhiste joue un rôle fondamental dans la société Thaïe par sa position dominante (95%) et par le lien qu'elle tisse avec le pouvoir royal. Elle est aussi originale par la place qu'occupe le clergé dans la structure sociale. Le clergé est aussi appelé Sangkha. Sa position externe à la société Thaïlandaise, Sangkhom **(สังคม)**, est due à sa non intégration dans l'ordre hiérarchique de type clientéliste. Néanmoins sa structure

---

[16] Kapur-Fic Alexandra, *Thailand: Buddhism, society and women*, India: Abhinav Publications, 1998, p45-46

interne est ordonnée et hiérarchisée a l'image de l'armée, ou la place de chacun est définie et programmée. C'est une des raisons qui lui permet de servir de repaire fort pour les Thaïlandais. L'ordre religieux, le clergé, est ubiquitaire du fait que chaque homme, une fois dans sa vie, doit se préparer (deux mois à peu prés) à entrer dans les ordres pendant une période d'au moins deux semaines. SMR Bhumibol Adulyadej l'a d'ailleurs fait. La Thammayuthika ou dhammayuthika est un ordre monastique caractéristique du Bouddhisme Theravada en Thaïlande et au Cambodge qui a été créé par Mongkut et qui vise à renforcer la discipline des moines et à les pousser à plus d'austérité. La religion est présente à tout moment dans la vie du thaïlandais, y compris au travail, et l'influence du bouddhisme sur son approche professionnelle est déterminante.

*Le monarque,* **พระมหากษัตริย์ :** Le Roi jusqu'à la révolution de 1932, est omnipotent. Son statut de Dieu et Roi emprunté aux Khmers normalise la relation entre le monarque et son peuple. Désormais, même si son pouvoir est restreint, il n'en demeure pas moins un élément incontournable du dispositif politique mais aussi de la stabilité populaire. A ce jour le roi est Sa Majesté Bhumibol Adulyadej, dont le nom royal est Rama IX. Il fût sacré le 9 juin 1946. Au début de son règne, il fût condamné à ne jouer que les seconds rôles du fait de la volonté du général Phibun à faire disparaître le roi de l'imaginaire collectif. C'est en 1957 qu'il fût invité à réapparaitre publiquement et qu'une partie de son prestige lui fût restitué afin de légitimer un régime militaire qui commençait à s'essouffler. Depuis il a régné dans les turbulences politiques et a résisté aux 18 coups d'états qui ont secoué son pays. Mieux, il en est même ressorti grandi, réaffirmant plus encore son pouvoir a chaque changement brutal de gouvernement. Adoré, adulé, il incarne la société Thaïe plus que jamais. Rama IX a, comme l'on put faire certains de ses prédécesseurs tel que Ramkhamhaeng, Rama IV et V, dédié son existence au peuple en ne rompant jamais le lien qui les unis, notamment en visitant les pauvres, en se déplaçant dans le pays et en mettant à disposition sa fortune pour les projets d'aide à la population, d'urbanisation et autres.

L'article 6 de la constitution thaïlandaise, convient que le roi, « *sera intronisé en tant que culte vénéré, ne pouvant en aucune circonstance, être violé. Nulle personne ne pourra exposer le Roi à quelques accusations ou actions que ce soient* ». La sacralité du rôle du monarque est conservée et protégée par la constitution. Elle définit aussi ses prérogatives et ses pouvoirs. Il est reconnu comme l'âme de la nation et cristallise la loyauté et la cohésion nationale et c'est pour cela qu'il est au dessus de tous les partis politiques, des intérêts personnels et des conflits[17]. Il a pour attribution le droit de dissoudre l'assemblée et de demander de nouvelles élections, et la souveraineté lui est accordée devant le parlement. Toutes les lois doivent être soumises au roi, et proclamées valides par le roi. Il est aussi le chef suprême des armées, décerne les décorations civiles et militaires et il peut faire et défaire les titres de l'aristocratie. Il

---

[17] Idem 16, Kapur Fic------, p35, 36, 37

a le droit de grâce et le privilège de conduire la diplomatie, Il déclare la guerre et signe la paix.

La famille royale joue un rôle important par sa médiatisation, et est, en général, un bon exemple, pour la population. La Reine Sirikit est très appréciée par son abnégation à défendre les Thaïs et a lutter contre la misère. Le couple royal a eut quatre enfants : Ubol Ratana Raja Kanya, la fille ainée, puis le prince Vajiralongkorn, la princesse Pratep (Mahachakri Sirindhorn) et enfin la princesse Chulabhorn. Les princesses Pratep et Chulabhorn sont très appréciée. Malheureusement cette dernière a une sante fragile.

La légende dit que la dynastie Chakri est maudite et qu'elle ne survivra pas à S M R, Bhumibol Adulyadej a moins qu'une vierge de sang royal accède au trône. Celle-ci se trouve en la personne de Pratep que le peuple, dans sa globalité soutient et vénère. Un amendement à d'ailleurs été voté pour permettre à une descendante royale d'accéder au trône après que le parlement ait voté son accord.

## CHAPITRE II

# LA SOCIETE THAILANDAISE ET LES SIGNAUX CULTURELS DE LA COMMUNICATION

« *La communication ne peut pas exister sans la clarté de celui qui s'exprime et l'attention totale de celui qui reçoit le message. Chacun n'est rien sans l'autre. Encore faut-il le savoir et le vouloir* »[18]

Jacques Chaminade

Les sociétés s'organisent autour de deux postulats principaux, d'une part il existe une mentalité collective et d'autre part il s'opère une unité globale sociale.

« *Le premier induit que les hommes membres d'une société entretiennent entre*

---
[18] Jacques Chaminade, *Drus propos,* Paris, Dervy, 1997, p38

*eux des relations dont l'intensité est supérieure a celle de leur relation avec l'extérieur. Les sociétés modernes se définissent ainsi dans une histoire commune, un passe partagé et des symboles collectifs chargés d'affect (drapeau, chants,...). Le second, l'unité globale sociale, consiste en le pouvoir d'administration des groupes et des individus qui la composent. Ainsi est-elle source du droit, la seule détentrice de la violence légitime, organisatrice de la vie économique. Au niveau culturel, elle est créatrice des modèles de comportements. Elle est l'incarnation d'une image : celle qui transforme les déterminismes hétéroclites et divergents en des fonctions sociales constitutives d'un organisme. »* [19]

Nous avons déjà décrit, dans notre premier chapitre, les aspects démographiques, géographiques, politiques, les symboles collectifs, tout en approchant d'une manière très discrète, l'impact de la règle sociale sur l'individu. S'il est convenu que la société,

23023068————————————————

[19] *La grande encyclopédie Larousse*, librairie Larousse, canada, 1976, vol 18, p11187

par sa norme culturelle, sa capacité législative et de sanction, par ses orientations économiques et religieuses, a non seulement une influence directe sur le comportement des individus, mais aussi sur leur expression de l'émotion, sur leur perception de l'environnement, il est, alors, indispensable d'étudier sa structure, sa philosophie unificatrice, ses codes normalisateurs qui permettent l'intensification et la fusion des relations entre ces mêmes individus. Il existe de nombreuses théories qui permettent de définir les tendances comportementales générales. C'est par une meilleure connaissance de celles-ci qu'il est permis de mieux appréhender ce que devront être les comportements des étrangers au sein de la société thaïlandaise, afin de minimiser le risque de créer des situations conflictuelles. La théorie qui m'est apparue comme la plus complète est celle de **Suntaree Komin**[20]. Toutes les personnes qui ont voyagé, travaillé ou étudié en Thaïlande

---

[20] Ce jugement est tout a fait personnel et n'engage que mon ressentit a la lecture des différentes théories qui ont été portées a ma connaissance.

s'accorderont sur la place qu'occupent la politesse et l'hospitalité dans le comportement social des thaïlandais. Cette première perception est un des nombreux indices qui illustrent l'influence de la structure hiérarchique dans les relations sociales. De plus, assez rapidement tout étranger verra quels sont les comportements proscrits par la norme sociale telle que la colère ou bien des outils de socialisation à manier avec prudence tel que l'humour (ceci est encore plus vrai pour nous français qui manions l'ironie, l'humour noir très fréquemment. Ce genre de comportement peut très vite aboutir à des « blessures d'Ego » presque impossible à panser une fois assenées). Il est aussi fort à propos de comprendre et d'accepter la discrimination qui est une manifestation des comportements normalisés dans la structure hiérarchique de la société Thaïe. Cet ensemble compact d'information est une voie d'accès a une connaissance et une compréhension beaucoup plus fines des habitudes sociales des thaïlandais. Apres les avoir détaillées, nous nous attacherons à souligner le lien de tous ses éléments avec le monde de l'entreprise.

A.   La Société Thaïlandaise

Les aspects ethnographiques, démographiques et historiques nous ont permis de présenter les aspects généraux de la société Thaïe. Une grande partie de ces comportements sociaux trouve son origine dans l'histoire. Celle-ci imprègne en effet fortement la structure de l'ordre social. Nous avons aussi aperçu la symbolique unificatrice qui prévaut dans les trois piliers que représentent le roi, la nation et la religion dans la cognition thaïe. Néanmoins, il nous manque encore de nombreux éléments pour essayer de répondre aux différents aspects comportementaux des thaïlandais, comme le sourire éternel affiché quelles que soient les circonstances ou bien encore cette bonne humeur caractéristique des thaïlandais qui bien souvent est interprétée, par les managers occidentaux, comme une preuve de leur laxisme et de leur non-implication dans le travail. Que représente, d'ailleurs, l'occidental dans la perception thaïlandaise ? Il est généralement désigné sous le nom de «*farang*». L'étymologie de ce mot vient d'une utilisation impropre du mot «*farangset*» qui signifie français. Certains émettent l'hypothèse que la qualification de l'homme blanc par ce terme découle du fait qu'à l'époque Rama V, la Thaïlande a dû faire de nombreuses concessions territoriales à l'empire colonial français. L'utilisation systématique de ce mot pour se référer aux occidentaux, renvoie à la notion de différence. Cette conception, en Europe ou en France, serait très vite d'interprété comme du racisme, de la discrimination raciale. Or il n'en est rien, l'occidental est simplement un homme différent avec un statut particulier. On retrouve cette particularité du « farang » dans sa conception du business, souvent trop sérieuse, trop orienté vers le résultat, et ne laissant que peu de place à des relations sociales sophistiquées.

Au-delà des différences de nos conceptions respectives du travail, de la société, et de la famille, pouvons-nous aider le manager « farang » à mieux comprendre ses collègues de travail thaïlandais ? Quels sont les pièges qu'il devra éviter ? Comment pourrons-nous l'aider à mieux percevoir les signaux de la communication spécifiques aux thaïlandais ? Comment pourrons-nous l'aider à se prémunir contre les conflits ?

Pour répondre à ces questions, nous allons nous intéresser à l'influence des modèles comportementaux qui régissent les relations sociales en Thaïlande. Dans un premier temps nous décrirons très brièvement les modèles établis par Embree d'une part et Mulder d'autre part. Enfin, nous nous consacrerons plus largement à la théorie développée par Suntaree Komin, traitant des comportements sociaux des thaïlandais induits par un système de neuf orientations des valeurs sociales. Dans un deuxième temps nous axerons notre étude sur le système hiérarchique. Enfin nous étudierons les interactions entre les valeurs sociales, la hiérarchie, l'entreprise.

## *Généralités*

De nombreux universitaires se sont attachés à décrire le paradigme thaïlandais et à essayer d'expliquer la cognition thaïe. L'un d'entre eux, probablement le plus célèbre et certainement le plus controversé, John F. Embree [26.07.1908, 22.12.1950], anthropologue américain qui fut dans un premier temps un spécialiste du Japon puis lorsqu'il fut nommé à la tête de la direction du bureau d'études Sud-est asiatiques de l'université de Yale, proposa une description de la structure sociale Thaïlandaise en la décrivant comme : « un système social peu structuré »[21]. Cette théorie repose sur le fait que les nœuds de la maille sociale sont éloignés les uns des autres, à la différence de la structure sociale japonaise qui elle est organisée en mailles serrées. Cet éloignement, cette laxité, autorise des comportements individuels très différenciés d'un individu à l'autre ainsi qu'une grande indépendance. Il définit alors les grands traits, qui pour lui définissent le peuple Thaï : ils manquent de propreté et de discipline, mais aussi de respect pour les règles administratives. Ils ne se préoccupent peu ou pas du tout des devoirs et des droits des individus, et ne sont pas fiables au long terme (il fait ici référence au système patron client qui favorise les relations de

---

[21] Embree John F, *Loosely structured social systems: Thailand in comparative perspective*, Hans Dieter Evers edition (cultural report edition series n17), new haven, Yale University (SEAS), 1969

circonstances où, dès lors que l'une des deux parties ne remplit pas sa part du contrat, la relation s'annihile) et enfin, il énonce le fait qu'il n'y a pas d'obligation et de devoirs envers la famille (enfants et épouse). Si certaines observations d'Embree s'avèrent justes, l'interprétation qu'il en fait est douteuse. Il me semble que sa méconnaissance du peuple et de ses aspirations, le conduit à décrire un non-sens sociétal.

Un autre auteur du nom de Niels Mulder, un anthropologiste indépendant, a travaillé dans la continuité de la théorie « des sociétés affiliées » de Weerayudh Wichiarachote (1973) et a développé une théorie sur le comportement qui a une grande résonance dans le monde de l'anthropologie du Sud-est asiatique : « La puissance morale et amorale »[22]. Celle-ci s'articule autour de deux notions fondamentales que sont le <u>Greng Jai</u> (Greng= crainte, Jai= peur ; Greng Jai= peur de s'imposer,.., peur de rencontrer) et le <u>Greng Glua</u> (Greng= peur ; Glua= peur.

---
[22] Mulder Niels, *Everyday life in Thailand: an interpretation*, Duang Kamol editions, 1985

Greng Glua= être effrayé). Les interactions sociales qui sont régies par l'amabilité, la politesse, les comportements humbles et l'évitement des conflits, sont donc la résultante de la peur de hiérarchie. Chaque interaction s'inscrit dans le cadre d'un modèle dominant / dominé. Pour étayer sa thèse il introduit aussi la notion de « puissance tierce personne ». Cette théorie basée sur les notions de puissance et de peur semble être en partie, empiriquement démentie, même si, les interactions dites aimables sont une réalité sociale. C'est l'interprétation de cet état qui confronte les théories les unes aux autres.

## *La théorie de Suntaree Komin (S.K)*

C'est en se basant sur des sondages (1978, 1981) établis à l'échelle nationale qu'elle a put relever les différents aspects de la cognition thaïe. Avec l'aide de ces données culturelles empiriques précises, pertinentes et révélatrices, elle a pu théoriser et définir la personnalité relationnelle et émotionnelle du peuple thaïlandais par la classification, par ordre décroissant, de neuf orientations fondamentales du bien être social. Chacune d'entre-elles correspond a modèle décrivant a la fois le comportement de l'individu et du groupe.

Ces orientations sont :

- L'ego
- La relation de reconnaissance
- L'aplanissement des relations interpersonnelles
- La capacité d'ajustement et de flexibilité
- L'interaction entre la religion et la psyché
- L'éducation et la compétence
- L'interdépendance
- Le plaisir
- L'accomplissement des tâches

Nous nous proposons ici de décrire ces orientations mise en évidence par Suntaree Komin.

## 1. *L'égo* [23]

---

[23] Suntaree Komin, *Psychology of the Thai people: Values and behavioral Patterns*, National Institute of Development Administration (NIDA), Bangkok, 1991, p 133 – 138

Les Thaïlandais ont majoritairement placé la notion d'ego, en tête de liste des orientations qu'ils pensent définir au mieux leurs caractéristiques nationales. Cet ego est doublé d'une haute estime de « soi ». Seuls les fermiers ont donné, à cette notion, une importance moindre parmi tous les groupes interrogés. (8eme selon S.K.). Les Thaïs sont donc fiers, dignes et indépendants. De nombreux observateurs ont mis en avant que les thaïlandais étaient insensibles et distants, sans jamais laisser transparaitre la moindre émotion, or ils sont capables d'accès émotionnels violents et soudains dès lors qu'ils sont confrontés à une violation de leur égo, et ce malgré l'apparence calme et posée que l'on peut leur attribuer à raison. Cette sensibilité forte, explique que de nombreux patrons étrangers, par des indélicatesses, aient eu à se plaindre d'attitudes non coopératives de leurs employés Thaïlandais. Le conflit n'éclate, en effet jamais directement, mais prend plutôt « *la forme du boycott ou dans le meilleur des cas d'une coopération passive* ». L'importance de la préservation de l'ego de chacun est telle qu'en toute logique la société a créé des systèmes d'échappements permettant de réduire les tensions inutiles et répétitives. Avec pour trame de fond le système hiérarchique familial et social, chacun connaît son rôle, ses limites et la manière d'appréhender la relation avec l'autre. Tout cela induit la place de la préservation des apparences, de l'évitement du conflit et du Greng Jai, เกรงใจ.

**La préservation des apparences, par opposition au Sia Naa (cf. C. 1. valeurs sociales)**

Quelque soit le problème qui apparaisse, dès lors qu'il met en cause une ou plusieurs personnes, la première question à se poser est : De quelle manière puis-je manager la situation afin de préserver les apparences, et de ne froisser l'ego d'aucuns des intervenants ?

Les Thaïs utiliseront un langage détourné, pour atténuer la force négative du message et éviteront les confrontations publiques. Lorsqu'un problème très grave survient, une très grande partie du travail de résolution de celui-ci se fera en privé. (Notion très prisée du « face to face »)

**L'évitement de la critique**

S.K. souligne que pour les Thaïlandais il est très difficile de dissocier l'idée émise par un individu et l'individu lui-même. L'idée représente l'homme qui l'émet en quelque sorte. Donc une critique vive et directe de l'idée reviendrait à critiquer l'homme. Pour éviter ce désagrément les Thaïlandais ont pour habitude de ne pas émettre de critiques directes. Elle cite d'ailleurs Niels Mulder : « la critique quel qu'elle soit est un affront social ou une insulte pour la personne qui la reçoit ». Il est donc évident que les personnes attendront d'être dans l'intimité pour formuler leurs recommandations et critiques à la personne concernée.

**Le Greng Jai, เกรงใจ (cf. C. Valeurs sociales. 1)**

*« C'est le devoir de chacun de se sentir gêné de s'imposer à autrui, d'être prévenant, de prendre en compte les sentiments et le ressentit des autres, ou de prendre toutes les dispositions possible*

*pour ne pas embarrasser une autre personne* »[24]

## 2. La relation reconnaissante[25]

Dans le système de pensée des Thaïlandais, il y a un attachement aux valeurs favorisant les interactions sociales. S.K, décrit les interactions sociales comme étant la plupart du temps « *honnêtes et sincères et que les thaïlandais sont liées par des relations sincères et réciproques* ». La relation la plus ancrée dans le paysage thaïlandais et probablement aussi la plus importante est la relation dite : « *Bunkhun,* บุญคุณ ».

Elle définit, la relation Bunkhun comme « *un lien d'obligation psychologique tissé entre, d'une part, une personne qui, par pure bonté et sincérité, rend service a une autre qui a besoin d'aide et de soutient, elle, qui d'autre part devra se souvenir de la faveur accordée et se préparer à rendre*

---

[24] Définition sur thailanguage.com, http://www.thai-language.com/id/134305

[25] Suntaree Komin, *Psychology of the Thai people: Values and behavioral Patterns*, National Institute of Development Administration (NIDA), Bangkok, 1991, p139 - 143

*des services par réciprocités a tous moments* (gratitude) ». La gratitude (Gadtanyou, กตัญญุ) est très présente en Thaïlande et fait partie du Haï Giat et du Marayat. La Gadtanyou se définit comme une coutume basée sur le devoir de bonté, de déférence, et de réciprocité avec les ainés.[26]

Nous allons prendre un exemple pour illustrer cela. Soit A un voisin. B, a cause d'une catastrophe naturelle a tout perdu, sa maison, ses récoltes,… B se présente chez A pour lui demander de le loger le temps qu'il puisse se reconstituer un patrimoine. A, en acceptant aura pour B du Bunkhun (Kao jà mii Bunkhun). B, éprouvera donc pour A du Gadtanyou (Kao jà mii Gadtanyou). Et enfin B devra Tob Thaen Bunkun, ตอบแทนบุญคุณ, envers A, en français: agir en réciprocité. En règle générale, A n'attend rien en retour de son offre de Bunkun. La Bunkun est nécessairement à la base de toute relation solide entre deux individus et façonne l'amitié. B devra Tob Thaen Bunkun

---
[26] Définition sur thailanguage.com, http://www.thai-language.com/id/140307

quelque soit le temps écoulé depuis la bonne action réalisée et quelque soit la distance qui le sépare de A. Contrairement a ce que l'on pourrait penser, le Tob Thaen Bunkun, ne sera pas forcement l'équivalent de ce qui a été donné ou un asservissement a vie, du fait du service rendu, mais sera très souvent réalisé sous la forme de prières pour A, de pensées, de petits cadeaux (comme de la nourriture en passant devant chez A, ou en revenant au village). Enfin dernière précision, si j'ai pris, ici, l'exemple de deux villageois, il peut tout autant en être de deux citadins, ou bien de personnes de statuts différents.

**Le coté fallacieux de la Bunkun :** Pour ne pas tomber dans le cliché d'une société parfaite, basée sur la solidarité collective, la gratitude et les bonnes actions, il fallait bien que certains, se décidèrent à exploiter cette orientation du comportement des thaïlandais. En ciblant les populations pauvres et peu éduquées des zones paysannes du nord ou du nord est essentiellement, certains ont pu, grâce au Bunkhun, et à l'aide d'une personnalité respectée du village ainsi qu'en avançant quelques billets (faisant preuve de bonne foi, et liant l'individu qui les accepte) aux familles de fermiers, leur emprunter les enfants pour des taches serviles dans les villes, allant jusqu'à la prostitution. De la même manière, certains utilisent le Bunkun à des fins mafieuses ou de corruption.

## 3. L'aplanissement des relations interpersonnelles[27]

Cette orientation est avant tout caractérisée par des personnalités types s'orientant vers des conduites humbles, polies, et assertives. **La conduite assertive** est le refus de tous comportements d'agression, de soumission ou de manipulation. Elle entre dans la philosophie générale des thaïlandais a développer des relations sociales plus harmonieuses, qui justifie leur préférence pour des échanges interpersonnels apaisés et plaisants qui justifient la composante souriante et agréable des thaïlandais.

23023084————————————————

[27] Suntaree Komin, *Psychology of the Thai people: Values and behavioral Patterns*, National Institute of Development Administration (NIDA), Bangkok, 1991, p 143 – 161

Pour S.K, cette orientation, basée sur la relation à l'autre, induit des valeurs subsidiaires primordiales que sont :

- La bienveillance et l'attention.
- Etre bon et serviable
- Sensible aux situations et aux opportunités
- Avoir le contrôle de soi et être retenu
- Poli et humble
- Calme et prudent
- La relation sociale

S.K., insiste sur l'ubiquitaire répartition de ces valeurs parmi les différentes catégories de population. Ceci entre en compte dans la capacité d'assimilation de la culture thaïlandaise, qui reste très forte, même si de nombreux problèmes subsistent avec les états du sud et les musulmans. D'ailleurs, quelque soit la religion impliquée, tous les thaïs vont dans le même sens définissant ainsi une « Thai way of life ».

**La perception thaïlandaise de l'interaction sociale :** S.K. a voulut rechercher et définir quelle était la valeur au cœur de l'aplanissement des relations interpersonnelles. Il semblerait, selon elle, que cela soit la <u>bienveillance et l'attention</u>, du fait qu'elle permet en l'occurrence de préserver les relations individuelles des blessures d'ego, mais qu'elle est aussi nécessaire à l'existence et à la manifestation du Bunkhun et du Gadtanyou. En fait on pourrait résumer la cognition Thaïlandaise de la relation interpersonnelle comme : « *A tout moment, tout individu, se doit de faire attention à ne pas heurter les sentiments des autres* ». (S.K.)

**Le profil Type :** Il faut que la personne soit capable d'avoir un comportement qui retranscrive une bienveillance et une attention sincère face à autrui. Il doit être patient, poli, humble, et il doit prendre en considération la sensibilité de l'autre pour ne jamais avoir à le blesser. Enfin le calme et le contrôle de soi sont des atouts majeurs afin de ne pas faire « d'erreurs sociales ». Ce profil type du thaïlandais doit servir de modèle pour les étrangers désireux de travailler en Thaïlande dans des conditions agréables, profitables, et performantes.

## 4. La capacité d'ajustement et de flexibilité[28]

C'est la capacité de chacun de maintenir l'équilibre entre les notions d'ego, de puissance, et de toutes les situations potentiellement conflictuelles entrant dans le cadre de la relation sociale. La capacité d'adaptation dans l'histoire, a permis aux thaïs, bien qu'ils fussent l'ethnie minoritaire de leurs propres territoires, et bien qu'ils fussent entourés de royaumes et de nations puissantes, de toujours préserver leur indépendance et de faire prospérer leurs acquis. Cette caractéristique historique se retranscrit dans la culture sociale. Même si cette notion est ubiquitaire dans les différentes couches socio-économiques Thaïes, les fonctionnaires en ont plus spécifiquement besoin de par la nature politique de leurs fonctions.

S.K. montre, que cette valeur, lorsqu'elle est mise en corrélation avec le Greng Jai et l'aplanissement des relations

---
[28] Suntaree Komin, *Psychology of the Thai people: Values and behavioral Patterns*, National Institute of Development Administration (NIDA), Bangkok, 1991, p 161 – 171

interpersonnelles, prend le dessus. En effet, sur un échantillon donné, à la question de savoir si, les Thaïs se décrivaient plutôt comme étant parfaitement honnêtes d'une part ou plutôt flexibles en toutes occasions et en toutes situations, plus de la moitié d'entre eux (59.6%) se considéraient comme flexibles. S.K associe cette valeur à un certain nombre de modèles de comportements qui s'étendent de la facilitation des processus d'assimilation ethnique à la tendance à la corruption. Elle permet aussi une compréhension plus pointue des mécanismes qui favorisent les ressentis négatifs des managers étrangers envers les travailleurs thaïlandais (*laxiste, imprévisible, irresponsable, égoïste et opportuniste, S.K. (24)*).

## 5. L'interaction entre la religion et la psyché [29]

Comme on pouvait s'en douter, la religion occupe une place primordiale dans la

---

[29] Suntaree Komin, *Psychology of the Thai people: Values and behavioral Patterns*, National Institute of Development Administration (NIDA), Bangkok, 1991, p 171 – 185

société thaïlandaise et selon S.K, 93.6% des personnes interrogées estiment que la religion est importante et qu'elle influence leur vie de tous les jours. Sa place dans leur existence varie suivant leur origine sociale et le niveau d'éducation. Elle sera beaucoup plus présente dans la population rurale qu'urbaine, parmi les pauvres que parmi les riches, ou encore chez les diplômés que les non-diplômés. Nous aborderons le bouddhisme plus en détails dans la suite de notre étude. (cf. Chapitre III)

## 6. L'éducation et la compétence [30]

S.K remarque que le fait d'étudier dans le seul but d'accroitre ses connaissances n'a que très peu de résonnance dans la cognition Thaïe. L'éducation reste un outil de la progression sociale en accroissant le mérite, le prestige et en justifiant de meilleures rémunérations. Pour S.K, les thaïlandais voient l'éducation comme une façade, un label social, ce qui illustre le fait

---

[30] Suntaree Komin, *Psychology of the Thai people: Values and behavioral Patterns*, National Institute of Development Administration (NIDA), Bangkok, 1991, p 186 – 191

qu'ils s'attachent plus à la forme qu'au contenu. Cette caractéristique explique aussi les bas rendements dans l'accomplissement des taches.

Elle donne pour exemple ce qu'elle appelle « la fièvre du label intellectuel » : Dans cette recherche d'une apparence toujours plus prestigieuse, certains des Thaïs les plus fortunés achètent des Doctorats Honorifiques pour quelques centaines de milliers de Baths, qui permettent à leurs détenteurs de s'afficher avec la particule « Dr », au grand damne des universitaires sérieux qui essaient de faire prévaloir le contenu sur la forme. Elle décrit aussi, par le passé, des comportements similaires avec la possibilité d'acheter le droit de porter des uniformes militaires honorifiques.

Contrairement aux universitaires, qui forts de leur certitudes quant à l'influence exclusive du Bouddhisme dans la cognition Thaïe, prétendent que les Thaïs sont très distants par rapports aux besoins matériels, S.K. montre que ceux-ci sont au contraire très attaches a ceux-ci en ce qu'ils représentent une fois encore, le statut d'un individu. La nécessité de pouvoir identifier clairement la situation sociale des uns et des autres pour mieux normaliser les relations interpersonnelles implique inévitablement une orientation forte vers les signes extérieurs de richesse. Il s'en suit que le surendettement est un syndrome courant.

## 7. L'interdépendance[31]

Cela représente l'esprit de collaboration communautaire. Il est essentiellement rural. Les villageois ont une forte cohésion sociale et s'entraident. Cette entraide stimule les comportements coopératifs tout en renforçant les liens de voisinage. Le cumul des valeurs précédemment exposées et l'interdépendance sont le fer de lance de l'assimilation réussie des différents groupes ethniques et contribue a leur coexistence. Néanmoins, le désenclavement dût à l'apport des routes, de l'électricité et des techniques modernes de culture (tracteurs, engrais…) ont mis a mal cette coopération entre les villageois en renforçant

---
[31] Suntaree Komin, *Psychology of the Thai people: Values and behavioral Patterns*, National Institute of Development Administration (NIDA), Bangkok, 1991, p 189 – 191

l'individualisme et en limitant les travaux, qui autrefois se faisaient en communauté.

## 8. Le plaisir et le Sanouk, สนุก [32]

C'est le mythe communément répandu, qu'elle énonce tel que décrivant « le thaï comme étant facile à vivre, profitant de chaque instant avec une insouciance heureuse, ne laissant pas les problèmes ternir son quotidien, vivant la vie mais ne la subissant pas, et constamment a la recherche du Sanouk. Il serait aussi facilement ennuyé par les activités répétitives et manquerait de sérieux et de force de travail. Il est décrit comme léthargique, paresseux et non agressif ».
Le mythe est faussé par la mauvaise interprétation des comportements observés. En effet la léthargie, la paresse et la non-agressivité sont des caractéristiques que l'on trouve généralement dans les sociétés agraires non industrialisées et ne constituent en aucun cas une spécificité thaïlandaise.

---

[32] Suntaree Komin, *Psychology of the Thai people: Values and behavioral Patterns*, National Institute of Development Administration (NIDA), Bangkok, 1991, p 191 – 197

La mauvaise connaissance des notions de Sanouk et de légèreté induit des erreurs de jugements sur le comportement des Thaïs. Elles se réfutent en décrivant le Sanouk comme la notion du plaisir, de l'amusement, qui permet de tirer de la vie le meilleur parti possible. Il est une étonnante bouée sociale qui permet, à ceux qui ont les métiers les plus difficiles, de mieux s'assumer dans leurs rôles. Il est aussi un des outils qui rend la relation sociale plus plaisante et satisfait aux valeurs que nous avons énoncées précédemment. Pour ce qui est du manque de force de travail, la simple observation du travail des ouvriers contredit cette assertion. Elle argumente d'ailleurs que les classes populaires et paysannes classent le travail bien avant la notion de plaisir. Quant a la légèreté Thaïe et l'apparence heureuse, elles soignent l'apparence de bien être et, le sourire, est une projection de l'état d'esprit de l'individu qui, par nature, tend a éviter les sources de conflits et a aplanir les relations interpersonnelles.

## 9. L'accomplissement des taches [33]

C'est une valeur qui est sous la dépendance, dans la continuité de la capacité de travail. En Occident, la tendance assimile l'accomplissement personnel, à la rencontre entre les facultés personnelles et la capacité de travail qui permet l'exploitation et la potentialisation de ses mêmes compétences. Le travail est perçu comme indispensable à l'excellence professionnelle. Parmi les données dont S.K. dispose, il est établi que, pour les Thaïs, l'ambition et le labeur nécessaire à l'atteinte d'un objectif sont systématiquement classées dans les dernières positions du classement des valeurs. (Exception faite des Business men et des Sino-Thaïs)

Le constat suivant s'impose : les valeurs du travail sont classées après les valeurs de la relation sociale. Néanmoins, il faut différencier le travail tel qu'il est perçu par les fonctionnaires gouvernementaux, et

23023094————————————————

[33] Suntaree Komin, *Psychology of the Thai people: Values and behavioral Patterns*, National Institute of Development Administration (NIDA), Bangkok, 1991, p 197 – 213

celui qui est perçu par les autres acteurs de l'activité économique thaïlandaise. En effet les systèmes de valeurs professionnelles changent du tout au tout que l'on soit fonctionnaire ou travailleur indépendant. Dans les administrations, par exemple, l'accent est mis sur les obligations de la relation sociale. Le travail dans celles-ci est soumis à une structure hiérarchique lourde et un système autocratique. Celui-ci repose intégralement sur le chef qui donne l'orientation managériale et impulse la dynamique de travail. Dès lors que la politique du service est le produit de son esprit, de ses idées, elle devient alors la vitrine de son ego. En ce remémorant la première orientation de ce classement des valeurs, il devient évident que chaque subordonné est condamné d'une part, à subir la politique de son supérieur sans jamais pouvoir la contredire et d'autre part, à se consacrer aux interactions sociales qui revêtent une importance toute particulière puisque c'est par elles que les chances d'avancement au sein de la hiérarchie pourront être potentialisées.

La question que l'on pourrait se poser, est : les Thaïlandais abhorrent-ils le travail autant que les étrangers le prétendent ? Les classes populaires répondent, par leur travail pénible, à cette question et une grande partie de leur motivation, puise sa source dans les possessions matérielles. En fait toutes les études montrent que le Sanouk reste l'apanage des riches, des professions protégées, et des étudiants.

Les observateurs ont longtemps justifié le manque de développement comme étant la résultante de ce laxisme et de ce nom d'acharnement travail. Mais force est de constater que ce n'est pas le cas et que c'est plutôt le manque de connaissances, d'éducation et d'opportunités qui ralentit pas le développement économique de certaines populations.

On peut tout de même se demander, dans une société dans laquelle l'apparence revêt une importance primordiale, comment le travail peut ne pas avoir une place plus forte au sein de cette société, dans cette hiérarchie. La réponse, pourrait probablement venir du fait que dans ce système hiérarchique le travail à lui seul ne suffit pas à faire progresser l'individu. En effet, pour un individu, les chances de trouver du travail, d'avoir un avancement, sont soumises à la condition qu'il sache identifier le bon mentor.

En fait, pour les Thaïs, l'accomplissement personnel réside dans une interaction sociale réussie et ce, indépendamment du travail fournit.

B.   <u>Les systèmes Hiérarchiques</u>

L'originalité de la structure sociale thaïlandaise trouve sa source dans la continuité dans l'espace et le temps des modèles élaborés au début de son histoire. En effet, la capacité absorbante et la forte acculturation de l'ethnie Thaïe, explique que, bien qu'elle soit très probablement originaire du sud de la Chine, elle se soit imprégnée de l'influence civilisatrice indienne régissant les empires Môn-khmers qu'elle a renversés. De cette absorption culturelle a résulté une organisation *hétérarchique*[34]. Celle-ci est caractérisée *« par une hiérarchie englobante d'unités politiques s'emboitant les unes dans les*

---
[34] Bernard Formoso, *Michel Bruneau, L'Asie d'entre Inde et Chine. Logique territoriales des états*, l'homme, 2008

*autres* »[35]. Elle se traduit sur la gestion de l'espace géographique par Le concept du Muang, เมือง. Le Muang en Thaï signifie aussi bien le pays que la ville, mais dans les temps anciens il englobait aussi les notions de territoire et de royaume. En fait le Muang représentait un système planétaire, c'est-à-dire un Muang central de référence et des Muangs périphériques, eux-mêmes au centre de leur microsystème planétaire[36]. De cette structure géopolitique c'est dégagée la structure sociale thaïlandaise, avec pour révélateurs le système Sakdina (vu précédemment) et le système dit « patron-client » contemporain.

D'un point de vue économique, comme aperçu dans la première partie de cette étude, la structure concentrique est toujours à l'ordre du jour. En effet, Bangkok ville tentaculaire, est organisée en cercle concentriques. Au fur et à mesure que l'on s'éloigne du centre, la pauvreté s'amplifie.

23023098————————————————

[35] Idem 34

[36] Bernard Formoso, *Thaïlande : Bouddhisme renonçant, capitalisme triomphant*, la documentation française, Paris, 2000, p 47 – 49

Il en est de même lorsque l'on prend pour référentiel la ville de Bangkok dans sa globalité et que l'on applique le système à l'ensemble du territoire national. Le territoire là encore est hiérarchisé, et ce quelque soit le référentiel considéré.

Il est question ici de détailler plus avant le système hiérarchique qui est à l'origine de toutes les interactions sociales, et dont le modèle est la hiérarchie familiale et la discrimination par le rang de naissance.

### *Hiérarchie et famille*

Dans la Sangkhom, **สังคม,** qui est le mot thaï désignant la société, c'est la famille qui est responsable de la socialisation précoce des jeunes et elle s'emploie à leurs transmettre le schéma des règles sociales. Son importance transparait lorsque Formoso dit, « *les solidarités de voisinage, villageoise ou clientèle sont ainsi posées en termes tout à la fois de l'écart d'âge et de la parenté fictive. Ce faisant la famille est, avec le monastère, l'une des principales institutions structurant la socioculture*

*Thaïe* ».[37] La perception de l'autre est donc sujette à l'influence de l'éducation reçue par l'enfant. Cette perception est verticale. Chacun se définit donc dans la société en fonction d'un individu situé à un échelon supérieur et un autre, à l'échelon inferieur. Cette structure discriminante est bâtie sur le modèle familial : « relation aîné-cadet ».

Dans ce modèle, la mère est le personnage central du système. Celle-ci en plus de transmettre les habitudes normatives de la vie en famille et en société, est infaillible, sage, détentrice de la morale, et inspire un grand respect. Elle incarne aussi la protection prodiguée par le réseau familial et pousse généralement l'enfant à éviter les dangers et le conflit, tout en l'invitant à ne jamais montrer ses sentiments. Il doit aussi avoir une conduite correcte et des tenues méticuleuses lui permettant de mettre en exergue son statut (Niels Mulder présente la société thaïlandaise comme une « *société de présentation* »[38]). Elle permet aux enfants

---

230230100————————————————

[37] Bernard Formoso, *Thaïlande : Bouddhisme renonçant, capitalisme triomphant*, la documentation française, Paris, 2000, p 76

[38] Mulder Niels, *Everyday life in Thailand: an interpretation*, Duang Kamol editions, 1985

d'interpréter, de comprendre et de respecter les règles d'étiquettes strictes qui gouvernent l'ordre social. Celles-ci s'inscrivent dans l'expression corporelle, dans l'expression verbale et grammaticale (pi, nong,…) et la projection spatiale des individus.

Le schéma « aîné-cadet » :

DEVOIRS

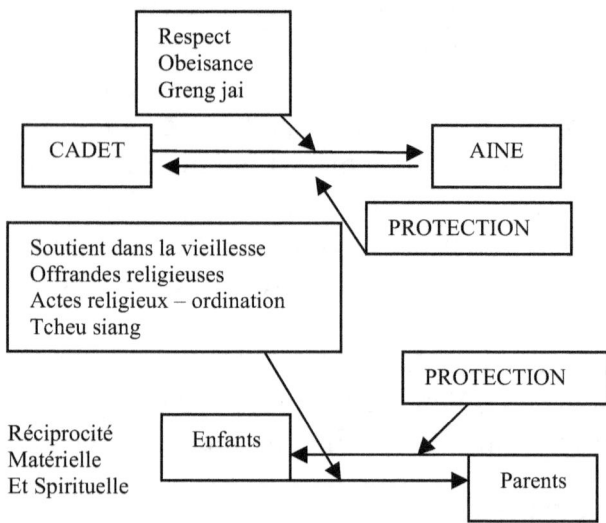

Fig.2 schémas des devoirs

Que les familles soient urbaines ou rurales, les ainés sont considérés comme généreux, sages et aimants et les cadets doivent obéir et ne jamais remettre en cause l'autorité. La règle est extrêmement rigide et il est totalement impossible de contourner ce système. Le cadet, vis-à-vis des aînés, a un devoir de respect, d'obéissance et de *greng jai*, **เกรงใจ.** Le *greng jai* est ce que l'on peut définir comme la bonne conduite, ou la conduite respectueuse. Il faudra ne pas faire perdre la face aux aînés (SiaNa, **เสียหน้า**) et ainsi ternir leur nom (réputation, **ชื่อเสียง,** tcheu siang, littéralement la voix du nom, la résonnance du nom). La relation « parent-enfant » calquée sur la relation « aîné-cadet », en diffère par les devoirs que l'enfant doit accomplir pour ses parents. Il est en effet tenu de subvenir aux besoins matériels des parents mais aussi de se plier aux coutumes religieuses qui doivent apporter du prestige et du renom à la famille. (Il devra, par exemple, être ordonné moine avant son mariage pendant une période d'au moins une semaine, après une préparation de deux mois en général, cette cérémonie est très importante et montre le réel attachement du fils à sa famille). C'est ce qui constitue la réciprocité matérielle et spirituelle.

Pendant Songkran, **สงกรานต์**, le nouvel an Thaï, il ne sera pas rare de voir, à l'occasion de la réunion familiale, une cérémonie à l'intention des anciens pendant laquelle les cadets leurs rendront hommage par des ablutions, et des présents (fleurs et argent cf. photos 1 et 2, annexe 1). Jusqu'à présent les familles rurales, qui, rappelons le, représentent 67% de la population totale, sont très fréquemment organisées en familles élargies, c'est-à-dire comprenant au moins trois générations sous le même toit. C'est cette structure qui permet au mieux de voir la discrimination relative au rang de naissance s'exprimer par le verbe et le corps. Le système de parenté en Thaïlande peut se schématiser ainsi :

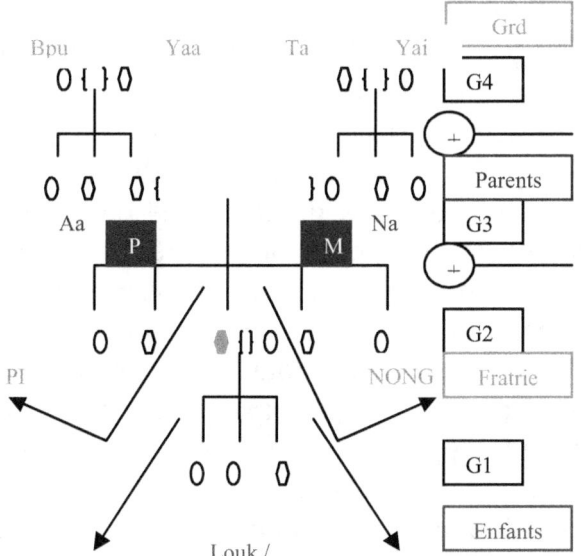

Fig.3 Hiérarchie famille

Description :

Il existe des termes spécifiques pour chaque ascendance qu'elle vienne du père ou de la mère. Ainsi du cote du père (Po, พ่อ) les grands parents seront appelés : Bpu (ปู่), Yaa (ย่า) et du cote de la mère (Mé, แม่), ils seront appelés Ta (ตา) et Yaye (ยาย). Oncles et tantes du cote du père seront appelés (Aa, อา) et du coté de la mère (Na, น้า). D'un point de vue de la hiérarchie horizontale au sein d'une génération, se seront les termes Pi, aîné (พี่) et Nong, cadet (น้อง), qui permettrons de définir la hiérarchie entre les individus.

Les personnes de la génération d'au moins +2, par rapport à l'individu de référence sont tous appelés grands pères ou grands-mères, qu'ils appartiennent directement à la famille du sujet ou non, en respectant les appellations réservées à l'ascendance du père ou de la mère. Pour les personnes de la génération +1, le principe est le même et ils seront appelés Na ou Aa. Il existe cependant une classification horizontale de la génération parentale. Nous pouvons étayer le schéma précédent en discernant les titres des oncles et tantes suivant leur rang de naissance :

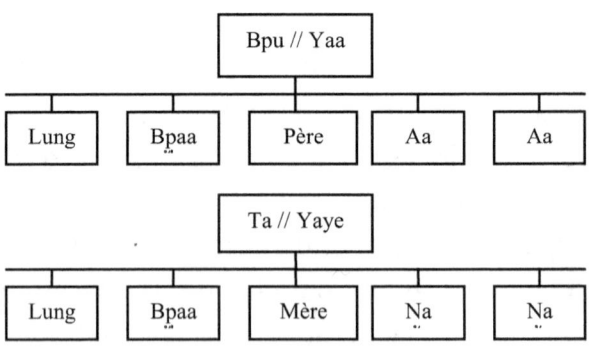

Fig.4 La famille rapprochée

C'est cette hiérarchisation extrême de la structure familiale qui va influencer et façonner la structure sociale.

Pour conclure les terminologies Pi et Nong s'appliquent tout aussi bien au groupe d'amis, qu'aux collègues de travail...

## *Le calque familial de l'ordre social*

En Asie le modèle « ainé-cadet » est ubiquitaire. Elle est notamment mise en avant de manière systématique et prononcée, par le confucianisme, qui a engendré les Keiretsus au japon et leurs équivalents en Corée du sud, les Chaebols, mais aussi les réseaux familiaux d'entreprises (réseau de bambou).

Il est l'essence même de l'ordre social Thaïlandais. Celui-ci puise toute sa force dans le système {loyauté, déférence} qui définit chaque relation sociale. Pour entretenir ce système le protocole joue un rôle primordial en normalisant les comportements et en rendant les rôles de chacun apparents. Par définition, le Roi est le patriarche suprême, au sommet de la pyramide sociale. Le vocabulaire décrivant la hiérarchie familiale et notamment la référence au père (po, **พ่อ**) et a l'enfant (louk, **ลูก**) que nous avons défini plus haut s'applique a deux nombreuses structures humaines extrafamiliales sous le paradigme de la parenté fictive. On veut pour exemple, dans l'entreprise, le Jao Naï (patron, **เจ้านาย**) et le Louk Nong (**ลูกนอง, ลูกจ้าง**), ou bien dans la mafia, le Jao Po (**เจ้าพ่อ**), ou dans la structure du village, le Po (**พ่อ**) et le Louk Baan (**ลูกบ้าน**). Tout ceci agrémenté par la terminologie thaïe qui retranscrit les marques de domination et de subordination. Formoso, explique le glissement du modèle familial vers l'ordre social, par le biais de la parenté fictive, par la possibilité qu'elle offre d'atténuer les frustrations causées par les conditions des uns et des autres en apportant une touche affective qui « *met de l'huile dans les rouages* » de ce système. Il conclue ainsi que cette « *stratification sociale diffuse* », adoucie est un reliquat de la Sakdina, qui elle, était promue et maintenue par la force.

### Le modèle « *patron-client* »

Dans l'ordre social thaïlandais, il n'existe pas de structures spécialisées comme nous pouvons les observer dans les sociétés occidentales, mais on constate plutôt l'existence d'une institution plurifonctionnelle. Elle embrasse à la fois la gouvernance, la protection, et tous les éléments qui concourent à sa propre existence[39]. Hanks la définie comme la somme d'unités autosuffisantes qui interagissent dans une structure englobante. Comme pour le modèle « ainé-cadet » le riche, le patron (l'aîné) est le réceptacle de la déférence de ses clients (cadets) et il doit sa position supérieure à son mérite (vertu plus grande). Des lors qu'il existe un homme qui a plus de mérite qu'un autre, une hiérarchie se crée. Celle-ci repose sur la double implication qui lie chaque couple d'individus :

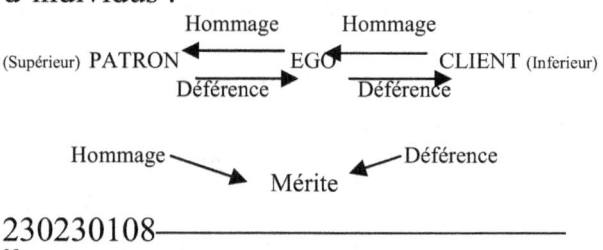

---

[39] Lucien M. Hanks, *the Thai social order as entourage and circle*, p197

Mérite + => Promotion sociale    Mérite - => régression

Fig.5 Le rôle du mérite

Le patron a une réserve de mérite supérieure à ceux qui lui sont subordonnés. Cet état est valable à un temps t, mais est amené à changer au temps t+n suivant les comportements des uns ou des autres des acteurs du modèle. En effet, la méritocratie, ici, dépend des bonnes et des mauvaises actions des acteurs. Plus précisément, elle correspond a une mesure de l'énergie employée à remplir les exigences des rôles définies par le statut, c'est-à-dire par l'application de chacun à respecter les notions de déférence et d'hommage (et de loyauté). Des lors, le système permet la progression sociale, comme il autorise la régression. On ne peut s'empêcher alors de faire l'analogie entre le karma et le mérite. Nous verrons plus loin, qu'au même titre que la Sangkhom est liée à la sangha ; la réussite sociale sera liée au Karma. Cette condition à la promotion pousse à la solidarité, puisque c'est par l'aide que le patron fournira à son client, qu'il pourra accroitre son mérite et donc son statut. Bien sur même si l'on ne peut pas généraliser l'ensemble des relations « patron-client », il semblerait pour de nombreux auteurs[40] que ce soient des relations de circonstances, ayant une durée de vie courte. La relation peut être terminée soit par l'une, soit par l'autre des parties et jouit d'une grande flexibilité. Le modèle favorise l'individualisme à la condition, bien sur, que l'individu soit intégré dans le modèle.

En fait, la réussite sociale en Thaïlande est conditionnée par le mentorship des patrons qui seuls sont capables de tirer les ficèles permettant aux clients de passer certaines étapes. Il s'agit donc pour un thaï, de choisir le mentor le plus à même de l'aider à remplir ses objectifs.

Lorsqu'un patron a plus d'un client, on parle de la notion d'entourage. L'entourage est un groupe d'individus indépendants les uns des autres, rendant hommage au même patron. Comme le laisse supposer le fait que ces unités soient indépendantes, il n'est pas attendu qu'elles développent un esprit de groupe comme nous l'entendons au sens européen du terme. En réalité, les

---

[40] Kapur-Fic Alexandra, *Thailand: Buddhism, society and women*, India: Abhinav Publications, 1998, p 57, 58, 59

expériences de « teamwork »sont tout à fait possibles dans la mesure où elles sont voulues et imposées par le patron mais reste néanmoins difficiles à concevoir à cause de la faible amplitude temporelle du lien « patron-client » et de la rotation des individus dans l'entourage. Dans des situations plus extrêmes, des temps plus durs, les entourages seront volatiles, du fait de la dissolution de l'entourage des lors que le patron meurt ou fait faillite etc. …

Enfin selon les besoins d'un patron, son client peut décider de faire appel lui-même à ses propres clients. Pendant l'accomplissement de la tache demandée par le patron on aura donc :

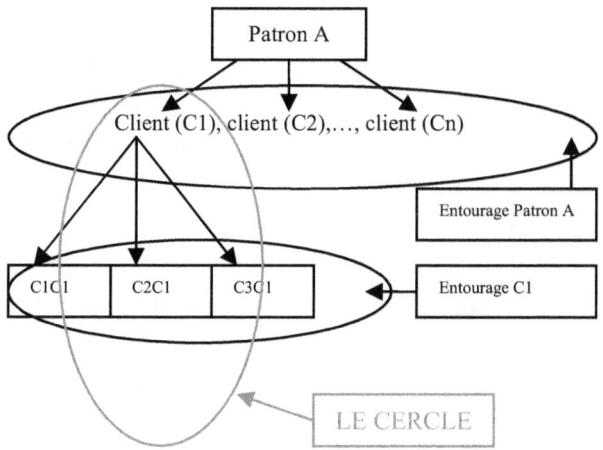

Fig.6 Le cercle

Le cercle est donc une extension de l'entourage.

Il est à noter que Suntaree Komin (S.K.) précise que cette pratique n'est pas une norme dans la société, même si elle est fréquemment justifiée par la population.

## *La notion de puissance*

La puissance est une notion qui fascine les Thaïlandais[41]. Celle-ci se retrouve dans de

---
[41] Kapur-Fic Alexandra, *Thailand: Buddhism, society and women*, India: Abhinav Publications, 1998, p 57, 58, 59

nombreux aspects de la vie, et ce quelque soient les personnes avec qui la relation est établie. Cette puissance se manifeste généralement au travers d'une conduite digne, humble, et plaisante. Elle est une marque de prestige et de réussite sociale qui permet de rayonner au sein de son cercle d'amis mais aussi d'impressionner les adversaires et rivaux. En retour, elle justifie et intensifie la loyauté des subordonnés. Si dans un groupe donné, uni par des valeurs communes, la notion de puissance est limitée est faible du fait de la proximité sociale des individus, elle prend toute son ampleur dès que la distance sociale s'accroit. Ceci explicite bien, que plus que les obligations de rôle associées au statut, l'importance réside dans la perception de France par autrui.

### La hiérarchie dans les gestes

On peut légitimement penser que la hiérarchisation des groupes et l'importance du protocole impliquent une normalisation des gestes visant à illustrer le statut de manière apparente. Elle se manifeste de manière évidente avec:

## *Le Wai,* ไหว้

C'est un salut rituel quotidien se faisant en joignant les mains au niveau du nez dans un geste de prière. Il s'utilise lorsque l'on dit bonjour, au revoir, pour remercier, pour les actes de prières. Il est réalisé dans un premier temps, toujours par la personne la plus jeune, ou bien celle de statut inferieur. Dans le cas ou des personnes se rencontrent ou, se remercient et que leur distance sociale est faible, le Wai ne sera pas accompagné de l'inclinaison du buste ou de la tête. Par contre s'il existe un distance sociale forte entre deux individus, le dominé devra se courber dans le même temps du salut.

## *L'orientation des pieds et tenue convenable*

Les pieds, qui sont la partie la plus basse de notre corps, ont une symbolique négative puisque mettre une personne au niveau des pieds reviendrai à la considérer comme un esclave. Dès leur plus jeune âge, les enfants sont donc éduqués a ne jamais diriger leurs pieds dans la direction des aînés. Dans certains endroits, ou pour certaines cérémonies comme les appartements des jeunes célibataires peu fortunés à Bangkok, dans les villages, les personnes s'assoient par terre. Dans cette position, elles se doivent normalement de s'asseoir à la façon thaïe, **นั่งพับเพียบ**, Nangpabpiap, si elles sont en présence d'un aîné. (C'est-à-dire les mains jointes sur le genou gauche. La main gauche est au contact du genou gauche, la paume tournée vers le ciel. La main droite, paume vers le bas, se pause dans la main gauche. Les deux jambes sont pliées sur le coté droit. Cf. photos 3,4 annexe 1) Néanmoins, lorsqu'il s'agit d'un groupe d'amis, le rituel est caduque et la plupart des jeunes thaïs ne s'en préoccupent pas.

### *L'ordre de parole*
Lors d'une conversation de groupe ou il y a de nombreuses personnes de rang équivalent mais d'âge différent, c'est alors l'âge qui détermine l'ordre de parole sous couvert la sagesse et la vertu que l'on attribut aux ainés. Imaginons que l'on demande à un jeune d'une trentaine d'année de répondre sur un domaine qu'il maitrise parfaitement, et qu'il soit en présence d'un aîné, il y a de très forte chance pour qu'il s'adresse du regard a l'aine afin de montrer soit qu'il n'est pas le plus apte a répondre,

soit pour demander l'autorisation de répondre.

### *Inclinaison de la tête*
L'inclinaison de la tête peut avoir lieu lors du Wai ou lorsqu'une personne croise son professeur ou bien encore pendant le Nangpabpiap cérémoniel (photo 5).

### *Position assise sur une chaise*
Il ne faut jamais croiser les jambes. Il faut les garder bien droites, le buste bien droit et les mains l'une sur l'autre.

### *Autre exemple*
Un employé ne devra jamais rester debout à cote de son patron si celui-ci est assis. En effet, l'employé se trouverait alors au dessus de son patron. De même, lorsque l'un et l'autre sont assis, le domine doit être, dans la mesure du possible, plus bas.

## *La langue, la terminologie au service de la hiérarchie*

« *Chez les Thaïs, [...], de multiples niveaux de langues déclinent une hiérarchie sociale complexe* »

*Formoso, Thaïlande : Bouddhisme renonçant, capitalisme triomphant, p41*

La langue Thaïe moderne normalisée par Khun Po Ramkhamhaeng, n'a jusqu'à aujourd'hui, que très peu changée. Formoso explique que, la Thaïlande, dont la langue officielle est le Thaï est dans une situation de « *monolinguisme dialectal* » (p.41). Il explique le monolinguisme, du fait de son institution comme langue standard au XVIIème siècle et, la composante dialectale du fait de la vigueur des idiomes régionaux. Il est assez étonnant de ne trouver aucune étude de sciences humaines qui traite du rapport hiérarchique qui s'instaure entre les Thaïs parlant la langue siamoise et ceux, utilisant leur dialectes régionaux. J'ai été surpris de voir qu'une discrimination s'opérait sur les personnes parlant leurs dialectes, car celui-ci renvoi la personne qui l'emploie à ces origines. Pour exemple, je citerai l'anecdote suivante : deux Thai-Issan discutent dans leur dialecte, non loin de là, j'ai pu entendre la réflexion railleuse d'un siamois : Hai Banhok ! On peut traduire cela par : sale paysan.

D'une manière formelle, la langue Thaïe, se ramifie en quatre niveaux de langue que sont :
- le Passa Pout, la langue populaire

- le Passa Kian, la langue écrite
- le Passa, La langue des discours publics
- le Rachasap, la langue royale.

## C. Valeurs sociales, hiérarchie et entreprise

### *Valeurs sociales*

Nous nous intéresserons ici à décrire les valeurs sociales les plus importantes et les plus souvent mises en avant par les Thaïs eux-mêmes pour donner des axes de réflexion au lecteur.
Elles sont traditionnellement présentées dans une liste de qualificatifs du comportement associes au mot Jai (ใจ). Le Jai a pour sens le Cœur. Il y est souvent fait référence en Thaï. Nous verrons ici les douze valeurs les plus importantes associées au cœur et nous compléterons cette liste par trois notions fondamentales que sont le couple {humiliation, évitement de la critique}, le respect et la politesse. Enfin, nous consacrerons quelques lignes pour décrire l'un des aspects perçus par les

étrangers les plus représentatifs de la société thaïlandaise : le sourire[42].

## 1. Le Greng Jai, เกรงใจ

Le Greng Jai[43] est peut être la règle d'or qui doit être connue et respectée en Thaïlande, bien qu'elle soit en définitive, la notion la plus difficile à comprendre. Elle permet de préserver l'ego dans les relations sociales. Elle est ubiquitaire et s'applique indifféremment a toutes les classes sociales en normalisant les échanges relationnels entre elles. Elle constitue le fondement de la politesse envers autrui et permet, par une application stricte de la règle d'éviter des situations désagréables et conflictuelles. Le Greng Jai est le fait de ne pas s'imposer à

230230119————————————————

[42] Jean-Louis Martinetti, Les valeurs sociales Thaïes perçues par les thaïs, étude réalisée en 2007, sur un pool de 14 personnes reparties en quatre groupes. Le premier groupe était constitue de 4 cadres Thaïlandais travaillant dans une petite entreprise britannique d'événementiel sportif ; le second comprenait six cadres dans une entreprise allemande d'assurance ; le troisième de 2 employés du seven/eleven, Ramkhamhaeng 53. Enfin deux employées a l'accueil du mall Bangkapi. Toutes ces entreprises étant situées à Bangkok. Les valeurs sociales découlant du concept du Jai sont classées ici par ordre d'importance par rapport aux réponses reçues.

[43] M.L.Manich Jumsai M.A., Dr. Ed, *dictionnaire Thaï – Français*, Chalermnit, Bangkok, 2006

autrui, d'être courtois, d'être attentif à l'autre, d'avoir du respect et d'être reconnaissant. C'est donc une valeur essentiellement tournée vers autrui, qui transcende les structures hiérarchiques, qu'elles soient familiales ou d'ordre sociales.

## 2. Le Hèn Jai, เห็นใจ

Cela signifie : être sympathique. Le mot est construit avec le verbe voir et le mot cœur, ce qui peut amener à une définition : dévoiler son cœur à l'autre, dans l'optique de l'aider ou de lui permettre de ne pas s'humilier, ou tout simplement de montrer l'exemple.

## 3. Le Jai Yen, ใจเย็น

Le Jai Yen est une des composantes primordiales de la panoplie de qualités sociales qu'il faut acquérir en Thaïlande. Littéralement, le mot est la combinaison entre le cœur et le froid (**เย็น**). Le froid agit sur le cœur pour apaiser ses battements pour le calmer. La définition est le calme, le contrôle de soi, le fait d'être placide, flegmatique. Il s'oppose dans les faits au Jai

Ron, le cœur chaud, **ใจร้อน**, qui correspond à une explosion de colère. L'importance du Jai Yen est due au fait que c'est par ce comportement que l'on peut éviter l'humiliation d'autrui, et ainsi maintenir l'harmonie sociale tant recherchée par les Thaïlandais.

### 4. Le Jai Boun, ใจบุญ

C'est le fait d'être charitable, d'être pieux, généreux mais aussi méritant (mérite, Boun). Cette notion apparaît dans les campagnes de pub pour redorer les images de certaines entreprises.

### 5. Le Sabai Jai, สบายใจ

Le Sabai Jai se traduit par une attitude décontractée, le facile a vivre ou bien encore l'agréable. Cette notion très populaire est utilisée de manier massive par les services marketing. C'est aussi cette notion qui amène nombres de managers étrangers à penser que les Thaïlandais sont dilettantes dans leur travail et contre productifs.

### 6. Le Nam Jai, น้ำใจ

L'eau du cœur, littéralement. Cela signifie que la personne qui en possède est généreuse, concernée par le sort des autres, compatissante. Le défaut de Nam Jai est un grand handicap car il enlève au manager toute légitimité, et réduira d'autant la coopération des collègues de travail. Il faut, en effet, toujours garder à l'esprit la structure hiérarchique et le statut que doivent porter et assumer les donneurs d'ordres. C'est une qualité qui provoquera l'admiration des subordonnés, ce qui induit une augmentation du prestige du manager et donc de son « pool de mérite ».

### 7. Le Jai Dam, ใจดำ

Littéralement, il correspond au « cœur noir ». Il désigne des personnes dont les cœurs sont arides d'humanité. On peut aussi extrapoler la définition littérale « cœur noir » en insistant sur le fait que la noirceur correspond au manque ultime de lumière, et que donc, ce cœur la ne sera jamais illuminé et sera condamné à errer dans le samsara.

### 8. Le Jai Rai, ใจร้าย

On le traduit par la Méchanceté.

### 9. Le Jai Garuna, ใจกรุณา

C'est une qualité sociale forte qui symbolise la politesse Thaïe et le comportement honorable : c'est la gentillesse associée a de la simplicité et a un comportement humble.

### 10. Le Jai Di Leua, ใจดีเหลือ

Etre bienveillant, complaisant.

### 11. Le Jai oon, ใจอ่อน

C'est le cœur d'or.

### 12. Le Jai Han Bpra Sreut, ใจอันประเสริฐ

C'est la belle âme.

### *Le Sia Naa, เสียหน้า*

Le Sia Naa, ou l'humiliation, est une notion très importante à comprendre pour les étrangers. En effet comme l'a décrit Suntaree Komin, il faut toujours garder à l'esprit que l'Ego est le concept le plus important pour les Thaïs. Elle précise que c'est la notion opposée au Sia Naa qui permet de préserver l'ego : « sauver l'honneur », qu'elle définit en anglais comme « face saving value ». Si les Thaïlandais entre eux, savent ménager leurs egos respectifs, et, comme ils l'ont appris depuis qu'ils sont jeunes, savent éviter les conflits, il n'en est pas de même avec les étrangers. Les conflits d'égo entre Thaïlandais sont donc bien souvent calculés et volontaires. La plus part des problèmes de blessures d'Ego viennent d'une maladresse d'un étranger, qui bien souvent, n'a même pas conscience de l'indélicatesse qu'il a pu faire. Ceci peut provoquer a l'encontre du malheureux fautif son discrédit, la mésentente, et parfois même la colère.

Les principales causes qui peuvent provoquer cet état inconfortable, contreproductif et quelque part inévitable tant que l'expérience du terrain n'est pas encore conséquente, sont :

Montrer sa colère en public
Etre désigné comme fautif
Etre désigné comme ayant échoué à faire quelque chose

Monter son ennuie en public
Ne pas comprendre quelque chose ou ne pas connaître quelque chose

Il est donc recommandé, pour limiter les tensions, d'éviter de montrer ses émotions en public et de se référer aux notions fondamentales que sont le Greng Jai, le Jai Yen et le Nam jai.

### *Le Hai Giat,* ให้เกียรติ

C'est le mot que l'on utilise en Thaï pour exprimer son respect, ou payer son respect. Il peut aussi se traduire par le fait d'honorer son vis-à-vis. C'est une manière très efficace de construire des relations commerciales solides et de meilleures relations de travail.

### *Le Marayat,* มารยาท

C'est la politesse. Bien qu'elle soit comparable en de nombreux point a la politesse européenne, il faut garder a l'esprit sa spécificité et le fait qu'elle est partie intégrante du protocole hiérarchique, par le biais des bonnes manières, des saluts appropries… dans une société de présentation. Elle est indispensable pour espérer travailler dans de bonnes conditions.

### Les sourires, ยิ้ม

Les étrangers se plaisent à décrire la Thaïlande comme le pays aux mille sourires. Certains, néanmoins comme Mulder et Embree considèrent que le sourire n'est qu'une façade de protection qui permet aux Thaïs de gérer leur peur face à des situations sociales nouvelles. Ils prétendent que les thaïlandais ne font preuve d'aucune émotivité. Or, ces différents sourires sont un fantastique vivier émotionnel et social, dans une culture ou, soit, l'émotion doit être contenue, voire réprimée. On peut illustrer cette richesse culturelle en donnant quelques exemples distinguant les différentes émotions contenues dans le sourire[44] :

- Le Yim Thang Nam Dtaa, ยิ้มทั้งน้ำตา : Le bonheur absolu se mêlant aux larmes.

---
[44] Le sourire, cours de Thai à l'université de Ramkhamhaeng, IIS, 2006

- Le Yim Thak Thai, ยิ้มทักทาย : Le sourire poli adressé a ceux que l'on ne connaît pas.
- Le Yim Yae-Yae, ยิ้มแยะแยะ : Le sourire, qui montre que l'on n'est pas abattu même si la situation est difficile.
- Le Yim Yaw, ยิ้มยาว : « je te l'avais dit, tu ne m'as pas écouté »
- Le Yim Haeng, ยิ้มแห้ง : Le sourire gêné de celui qui ne peut rembourser un ami
- Le Yim Thak Than, ยิ้มตักเตือน : l'idée qu'une personne propose n'est pas bonne, mais il n'est pas question de le souligner formellement, c'est un encouragement à développer l'idée tout en montrant indirectement son point de vue.

### Le système {H, VS, E}

*DRH : « vous me dites que vous ne vous opposerez jamais à votre responsable hiérarchique. Mais si ce dernier vous demande de vous jeter du cinquième étage d'un building, que faites-vous ? »*
*CADRE : « je cherche un compromis »*
Francis Lotser, *France, Asie, deux modes de management*, le journal du net.2007

Les entreprises Thaïlandaises se sont élaborées à partir du système hiérarchique social, les règles que nous avons décrites plus haut y sont donc appliquées. Les structures économiques hiérarchiques se définissent par le respect de l'unité de commandement. Le salarié reçoit directement les ordres de son responsable, qui lui assigne les objectifs à atteindre et la stratégie à suivre pour ce faire. La délégation de l'autorité et de la responsabilité se fait verticalement, par ce que l'on appelle des lignes hiérarchiques qui servent aussi de ligne de communication entre la base et le sommet de la pyramide de commandement. Les lignes de communication sont bidirectionnelles et l'information circule sous la forme de règlements, de directives et de résultats[45]. L'entreprise devient alors un lieu ou l'autorité et la responsabilité sont clairement établies. En haut de la pyramide hiérarchique la prise de décision est en

---
[45] George T Halley, Chin Tiong Tan, 1999, east vs. west: strategy marketing management meets the Asian network, the journal of business and industrial marketing, special issues on B2B marketing in Asia, vol. 14, n°2, p 91 – 101

général « *intuitive holistique* »[46]. Elle se traduit par un transfert des connaissances d'un secteur à l'autre et par une connaissance du terrain élaborée. C'est donc par les informations remontées par réseau que la prise de décision se motive.

Le manager en Thaïlande a une responsabilité et une autorité élargie par rapport aux managers occidentaux. Les décisions sont prises unilatéralement et les subordonnés ne se sentent pas concerne par l'élaboration de la décision ou de la stratégie à tenir. C'est au manger qu'il est confère de prendre toutes les décisions puisque quoiqu'il advienne, le subordonne de remettra jamais en cause son chef, même s'il est en profond désaccord avec la conduite à tenir. Si l'on se réfère au schéma « patron – client », le patron, ici le manager, occupe sa position de part son mérite, son expérience et sa sagesse qui font par définition défaut a ses subalternes. Il serait donc tout à fait incongru dans cette logique

---

[46] George T Halley, Chin Tiong Tan, 1999, east vs. west: strategy marketing management meets the Asian network, the journal of business and industrial marketing, special issues on B2B marketing in Asia, vol. 14, n`2, p 91 – 101

de mettre en doute la parole du supérieur. La pratique montre néanmoins, que s'il y a une recherche systématique de l'évitement du conflit, il existe aussi une manière détournée de montrer le mécontentement vis-à-vis de la hiérarchie. Le mécontentement s'exprime au travers d'un langage non verbal, suggestif, utilisant la gestuelle, le sourire, et l'allusion pour outil de communication. Pour Suntaree Komin, il n'est d'ailleurs pas concevable qu'une personne communiquant de manière très directe et se bâtant pour défendre ses idées, puisse espérer rester longtemps dans l'entreprise, surtout après que ses subalternes et collègues se soient manifestes par des performances au ralenti et une non-coopération prononcée. Elle insiste même, en signifiant, que dans le cas ou cette personne resterai dans l'organisation, tout avancement serait, pour elle, compromis.

Le mécontentement, s'il n'est pas explicite, est fortement ressenti.

CHAPITRE III

# LA NECESSAIRE APPROCHE BOUDDHISTE DU MANAGEMENT THAILANDAIS

Les bouddhistes représentent à peu près 95% de la population globale en Thaïlande. Ils répartissent leurs enseignements entre plusieurs écoles dont les plus importantes sont le bouddhisme Theravâda et le bouddhisme Mahayana, ce dernier étant majoritairement représenté par les communautés chinoises et vietnamiennes. Le bouddhisme est religion d'État et le roi en est le gardien. En tant que tel, celui-ci doit observer un panel de quatre ensembles de vertus et qualités[47].

La charité, le sens moral, le sens du sacrifice, l'intégrité, l'austérité, la bonté, le

230230132——————————————

[47] Kapur-Fic Alexandra, *Thailand: Buddhism, society and women*, India: Abhinav Publications, 1998, p 263 – 265)

calme, la tolérance, la non-oppression, et enfin, le fait même de respecter ses vertus font partie du premier panel des qualités requises appelées « Dasa Rajadhamma ». Le deuxième panel et celui des 12 devoirs du chakravartin. Le troisième est celui des quatre « Raja Sanghavatthu » qui favorisent l'intégration sociale et enfin le quatrième est représenté par les cinq « Khattiyaballa », les forces du monarque. Il tire sa légitimité de la Sangkha qu'il désigne et qu'il soutient.

Le bouddhisme est né, au VIe siècle avant Jésus-Christ, des enseignements de Siddhârta Gothama considéré comme le bouddha historique. Les thaïlandais font démarrer le calendrier bouddhique en 543 avant Jésus-Christ, année présumée de sa mort.

Quel que soit l'école dont il est question, toutes reposent sur les notions communes que sont le Samsara, le nirvana, le dharma, les paramitas, que nous présenterons grâce aux enseignements de Ringou Tulkou Rimpotché, une des très hautes autorités spirituelles bouddhistes qui tire sa légitimité de sa connaissance des enseignements des quatre grandes écoles bouddhistes.

Nous nous étudierons ensuite, successivement, les différents courants bouddhistes qui prévalent en Thaïlande et nous essayerons de déterminer leur influence sur la société thaïlandaise. Enfin nous essaierons de voir de quelle manière le management thaïlandais s'inspire des valeurs bouddhistes. Nous définirons ainsi les caractéristiques idéales du manager thaïlandais.

A. <u>Principes Généraux</u>

Selon le *soutra de l'abstention souveraine*, le bouddha dit :
« La nature de bouddha est dans tous les êtres »[48]

Cette citation évoque non seulement l'universalité de la possibilité d'atteindre la bouddhéité, mais aussi qu'il y a autant de bouddhas potentiels qu'il y a d'hommes. Cette recherche de l'illumination est avant toute une introspection, un recentrage de la pensée en soi et sur soi. L'homme évolue

---
[48] Rimpotché Ringou Tulkou, *Et si vous m'expliquiez le Bouddhisme*, Nil éditions, Paris, 2001, p 24

dans le Samsara, et ce, depuis sa naissance jusqu'à sa mort, il subit la réalité, malléable, en mouvement perpétuel, dynamique. Son essence, son être, sont l'accumulation temporelle de plusieurs versions du « moi » qui se somment jusqu'au moment présent pour constituer notre ego tel que nous le percevons. Le Samsara est un cycle qui doit être brisé, un cycle de naissances et de morts. La finalité est le nirvana, c'est-à-dire la rupture avec le Samsara. Nirvana et Samsara se reflètent dans l'autre et sont de même nature. Ils diffèrent par le regard que l'on y porte, par la capacité de celui-ci de déceler quelles sont les erreurs, les non-sens, qui nous enchaînent, nous enracinent dans ce monde de souffrance. Avoir cette compréhension, c'est atteindre l'illumination.

Le chemin pour accéder à cette vérité ultime est semé d'embûches, qui nécessite de s'octroyer le temps de la réflexion et l'obligation d'interagir de manière positive avec les autres (Karma) afin, petit à petit, d'accumuler du mérite qui nous rapproche un peu plus de l'éveil. Cette aspiration à la libération s'accompagne d'un travail introspectif reposant sur la discipline mentale et sociale. (Paramitas)

Nous allons présenter successivement les notions de Samsara, Nirvana, et paramitas afin de mieux appréhender les particularités Thaïlandaise de l'interprétation du bouddhisme.

## *1. Le Samsara*

Ringou Tulkou Rimpotché, définit le Samsara comme étant « *tout ce qui a pour essence la vacuité, pour apparence la méprise, et pour attribut premier la souffrance.* » (p 17)

Trois notions fondamentales constitutives du Samsara se dégagent alors :

La vacuité, appelée aussi *Shunyata*, prend ici le sens de l'interdépendance. Elle désigne tous les éléments qui ne peuvent exister les uns sans les autres. Le fait même d'exister induit la notion d'interdépendance. Il n'est rien qui ne soit indépendant d'autre chose. La méprise, est désignée par le mot *Trulwa*, qui signifie littéralement « l'hallucination ». Elles se réfèrent à la perception erronée que nous faisons de nos existences, empreintes d'émotion et de souffrance. C'est cette hallucination qui forme un épais brouillard sur l'inconsistance de toutes choses. La souffrance, est la conséquence directe de cette vision erronée, puisque de ce fait nous sommes littéralement enchaînés à nos émotions. Réaliser l'éveil, c'est supprimer ces hallucinations pour envisager de comprendre la vacuité de toutes choses : le nirvana.

Ringou Tulkou Rimpotché, décrit trois formes de souffrance : Il appelle la première « *la souffrance de l'existence conditionnée* »[49]. Dans notre vie, nous refusons de voir la mutabilité de toutes choses car nous sommes en recherche permanente de repères stables qui nourrissent nos certitudes et nous permettent d'ancrer nos vies dans le présent et de nous penser dans le futur. Cette souffrance reste silencieuse car elle est profondément enfouie nos êtres. Elle sera le dernier rempart à abattre avant de pouvoir atteindre l'éveil.

---

[49] Rimpotché Ringou Tulkou, *Et si vous m'expliquiez le Bouddhisme*, Nil éditions, Paris, 2001, p 63

Ringou Tulkou Rimpotché, cite d'ailleurs à ce sujet :
« *Si le poil posé sur ma pomme l'était sur mon œil, il me gênerait, j'aurais mal.*
*Les êtres puérils, pareil à la main, ne comprennent*
*Pas la misère de l'existence conditionnée,*
*Mais les êtres sublimes, semblables à l'œil, y voient déjà une souffrance.* »
Cette souffrance reste donc indolore tant que l'être n'a pas réussi à visualiser la souffrance comme un concept générique, indépendant même de la souffrance ressentie ou non. Anticiper c'est déjà souffrir.

Il nomme la seconde, « *la souffrance du changement* »[50]. Celle-ci est beaucoup plus aisée à envisager par sa rémanence quotidienne. Ringou Tulkou Rimpotché, la définit comme « l'angoisse qui accompagne notre anticipation du changement, qu'il soit positif ou négatif ». C'est la crainte de perdre ce qui est acquis qui est à l'origine de cette souffrance. On pourrait prendre pour exemple, l'anxiété de certains couples à

---

[50] Rimpotché Ringou Tulkou, *Et si vous m'expliquiez le Bouddhisme*, Nil éditions, Paris, 2001, p 64

l'arrivée d'un enfant du fait de la remise en cause de leur existence présente et de l'incertitude liée à leur existence future, due au changement des référentiels affectifs, sociaux et financiers. Cette anxiété peut se transformer en souffrance, lorsque l'un de l'autre des parents ne peut réorganiser sa vie autour de ces nouveaux repères.

Il décrit la troisième comme « *la souffrance de la souffrance* »[51] qui est la manifestation la plus perceptible car elle représente l'État de souffrance physique, c'est-à-dire telle qu'elle est communément perçue : une perte du bien-être.

### *Samsara et réincarnation*

La réincarnation dans un nouveau cycle Karmique ne s'opère pas comme un transfert d'un esprit qui passerait d'une âme à l'autre. Elle est le résultat de la causalité. En effet, ma vie antérieure était la cause de ma vie présente qui elle-même est à l'origine de ma vie future. Elle peut aussi être illustrée à partir des événements d'une vie, selon Ringou Tulkou Rimpotché. La

---
[51] Rimpotché Ringou Tulkou, *Et si vous m'expliquiez le Bouddhisme*, Nil éditions, Paris, 2001, p 64

personnalité que nous avons aujourd'hui, notre expression de l'ego, est conditionné par le passé. Nous formons un tout avec notre passé mais nous devons comprendre que nous sommes néanmoins différents de ce que nous avons été. Il développe enfin que, le fait que nous existions aujourd'hui démontre notre existence dans le passé et conditionne la promesse d'exister dans le futur. C'est cette interprétation de la réincarnation qui introduit une conception qui lui est complémentaire, à savoir l'empreinte Karmique. Ces deux notions mêlées l'une à l'autre induisent de nombreuses personnes en erreur, en invoquant leur situation avec fatalisme. Il n'en est rien, chacun de nous conserve et cultive la capacité de changer ce que nous serons dans le futur. Lors de la réincarnation, selon des « processus d'action et de réaction » induit par le karma, l'expérience vécue dans le Samsara, dans ce nouveau cycle ainsi amorcé, peut être perçue de différentes manières. Cette perception consiste en une vision particulière d'un même monde. Il existe six de ses perceptions :

- le monde des enfers (haine et colère)
- le monde des esprits avides (avarice)
- le monde des humains (désir)
- le monde des animaux (ignorance, stupidité)
- le monde des demi-dieux jaloux (jalousie)
- le monde des dieux (l'orgueil)

## 2. *Le Karma*

Le karma s'oppose à la conception du dieu tout-puissant de religion judéo-chrétienne car il est à l'origine de la création de toutes choses. Le système est un simple mécanisme d'action et réaction qui fait que les actions positives auront des conséquences positives, et que les actions négatives auront des conséquences négatives. Pour Ringou Tulkou Rimpotché, c'est donc « *la force de l'action elle-même qui entraîne le résultat qui lui correspond* ». Au présent nous sommes ce que nous sommes, c'est-à-dire le résultat de nos actions passées dans cette vie ou dans les précédentes. Mais demain, nous serons la résultante des conséquences de nos actes d'aujourd'hui. Nous sommes libres d'agir. Il n'est donc point de fatalité. Comme les humains sont un savant mélange d'actions, de pensés plus ou moins bonnes et plus ou moins mauvaises, le système apparaît être plus complexe qu'aux premiers abords. Il sera donc nécessaire d'être vigilant à orienter nos actions vers l'accumulation de karma positif ou neutre. L'homme vivant en société, il se crée en plus de son karma individuel, un karma collectif déterminé par la résultante des comportements sociaux de chacun.

### *Accumulation de karma*

Il est deux manières de considérer l'accumulation de karma, pour Ringou Tulkou Rimpotché. Soit par le « *Sempélé* », qui consiste à penser l'action, à trouver la motivation qui précède l'acte ou l'inaction. Soit par le « *Sampélé* », qui est le fait d'agir verbalement ou physiquement. Les effets peuvent être « *directs, résultat de la maturation* », de *conditions similaires*, où *des effets secondaires*. Le karma neutre, comme son nom l'indique vient de comportements qui sont ni positifs ou négatifs et qui s'inscrivent dans le cadre du sommeil et de la méditation.

Le but ultime est de se libérer de ce carcan Karmique qui limite notre liberté.

### 3. *Cheminement sur la voie de la sagesse[52]*

Le bodhisattva[53] est un être qui travaille à atteindre l'éveil mais qui ne limite pas sa pratique à son propre salut. Sa vocation est de sensibiliser ses contemporains et de les guider vers l'illumination. C'est le héros du bouddhisme Mahayana que nous décrirons plus loin.
Ringou Tulkou Rimpotché, décrit leur pratique qu'il résume en trois préceptes :
« *La moralité, la méditation et la sagesse»*
La moralité comprend quatre paramitas que sont la générosité, la conduite éthique, la patience et la persévérance.
La méditation et la sagesse sont respectivement la cinquième et la sixième paramita.

---

230230143

[52] Rimpotché Ringou Tulkou, *Et si vous m'expliquiez le Bouddhisme*, Nil éditions, Paris, 2001, p 117+

[53] Rimpotché Ringou Tulkou, *Et si vous m'expliquiez le Bouddhisme*, Nil éditions, Paris, 2001,p 240

## *La générosité,* [54]

Elle véhicule la richesse Karmique des êtres et « *le non-attachement est son essence* ». Elle va de paire avec le contentement qui, dans nos sociétés occidentales est souvent considéré comme un manque d'ambition, voire de paresse. Il n'est aucunement question de condamner la richesse, puisque selon bouddha, « si nous sommes riches dans cette vie, c'est que nous avons été généreux dans nos vies antérieures ». Le don devient alors un gage de la richesse future de tous les êtres. Il insiste sur le fait qu'au « moment de la mort, tout ce qui était donné devient essentiel, et que tout ce qui a été gardé est inutile». Le don doit être volontaire, pur et sans attente de reconnaissance, il doit aussi être mesuré et assumé.

« *S'il on est capable de ne donner qu'un verre d'eau, alors ne donnons qu'un verre d'eau* ».

Il décrit trois types de dons :
- le don de biens matériels

---

[54] Rimpotché Ringou Tulkou, *Et si vous m'expliquiez le Bouddhisme*, Nil éditions, Paris, 2001, p 119 – 125

- le don de protection
- le don du dharma, c'est le don de la connaissance, du savoir, qui consiste à montrer aux autres le chemin du nirvana.

La sagesse, l'intelligence et la dédicace sont trois manières de multiplier la force du don.

### *La conduite éthique*[55],

C'est le développement d'un mode de vie bénéfique et pour nous et pour ceux qui nous côtoient. Ringou Tulkou Rimpotché, le définit comme la condition primordiale à tout développement spirituel. Il développe la notion du travail au bénéfice des autres dont un grand nombre se retrouvent dans les valeurs sociales développées par Suntaree Komin.

- aider ceux qui ont des activités bénéfiques
- instruire les ignorants
- être reconnaissant et rendre les faveurs dont on a bénéficié
- protéger ceux qui ont peur
- soulager la douleur de ceux qui souffrent
- pratiquer la charité
- se réjouir des actions vertueuses

---
[55] Rimpotché Ringou Tulkou, *Et si vous m'expliquiez le Bouddhisme*, Nil éditions, Paris, 2001, p 125, 126

- accomplir sa pratique spirituelle
- aider les autres à se développer en potentiel est en satisfaction
- inspirer le respect par ses talents
- motiver les gens à faire le bien
- éliminer les surplus

## *La patience,*[56]

C'est une paramita primordiale qui influence grandement la qualité des interactions sociales entre les individus d'une communauté. Elle permet de ne pas succomber aux émotions négatives que sont la colère et la haine. Dans la conception bouddhique « *rien n'est pire que la haine et rien n'est plus fort est meilleur que la patience* ». Ringou Tulkou Rimpotché, distingue trois formes de patience. D'une part la patience contre ceux qui nous causent du tort (ne pas répondre par le mal), d'autre part la patience face aux contretemps et aux difficultés de la vie, et enfin la patience d'apprendre, de prendre le temps d'ouvrir son esprit, ce qui conditionne les apprentissages profonds.

230230146————————————————
[56] Rimpotché Ringou Tulkou, *Et si vous m'expliquiez le Bouddhisme*, Nil éditions, Paris, 2001, p 127 - 133

## *La persévérance,*[57]

Elle s'oppose à la paresse. Il revient à chacun dans sa vie de montrer de l'application, de l'intérêt, de l'enthousiasme pour les actions vertueuses. Elle est le moteur du dépassement, et, conditionne l'efficacité des autres paramitas. Trois types de paresse sont décrits par Ringou Tulkou Rimpotché :

- l'inactivité, l'oisiveté : le manque de rigueur qui pousse l'individu à toujours remettre au lendemain ce qui peut être fait immédiatement.
- le découragement : justifie le fatalisme et nous aide à assumer nos limites sans nous pousser à nous transcender.
- la paresse de la distraction : elle focalise notre attention et notre énergie sur les taches futiles et sans importance.

La persévérance est une dynamique, le moteur du dépassement qui seul permet à l'homme d'explorer les confins retirés de son esprit.

---
[57] Rimpotché Ringou Tulkou, *Et si vous m'expliquiez le Bouddhisme*, Nil éditions, Paris, 2001, p 133 - 141

## *La méditation,*[58]

La méditation permet d'établir sur l'esprit un contrôle, une méthode, qui oriente les pensées vers l'acquisition de la sagesse. Elle permet d'acquérir la clairvoyance, la capacité de voir par-delà l'esprit des autres. On distingue deux formes de méditation selon qu'elles agissent sur le calme mental (Shamatha), où sur la « *vision profonde* ». (Vipashyana)

Pour pouvoir être pratiquée de manière efficace, la méditation est conditionnée par l'isolement physique et l'isolement mental. L'importance de l'isolement physique rentre d'ailleurs en conflit dans le cadre de la Sangkha thaïlandaise avec le devoir d'écoute du clergé aux aspirations du peuple qui nourrit leur pratique. L'isolement mental est nécessaire pour discipliner l'esprit et pour pouvoir à terme, éliminer les poisons mentaux. Il est à noter que quelles que soient les traditions, quelles que soient les écoles, les méthodes de méditation ont la même finalité. Elles peuvent donc être pratiquées conjointement.

230230148————————————————

[58] Rimpotché Ringou Tulkou, *Et si vous m'expliquiez le Bouddhisme*, Nil éditions, Paris, 2001, p 141 - 152

*La sagesse,*[59]
Ringou Tulkou Rimpotché, le décrit comme étant la plus haute connaissance qui permet à l'homme d'entrevoir l'éveil. Bien sûr, elle est un outil comme les cinq autres paramitas et ne peux être efficace si l'une des autres paramitas est manquante. Il justifie d'ailleurs le fait que la sagesse soit une paramita par son « aspect transcendantal ». C'est-à-dire qu'elle doit être combinée avec une conscience discriminante. Elle est l'unique moyen disponible pour mettre fin aux souffrances, à l'ignorance ainsi qu'à la confusion du Samsara.

Il distingue :
- la sagesse mondaine qui comprend les sciences, la logique, la médecine,...
- La sagesse supra mondaine inférieure qui correspond aux études, à la contemplation, et à la méditation qui conduit à la compréhension de l'impermanence.
- La sagesse supra mondaine suprême qui est la réalisation parfaite et qui consiste « en

---
[59] Rimpotché Ringou Tulkou, *Et si vous m'expliquiez le Bouddhisme*, Nil éditions, Paris, 2001, p 152 - 193

la compréhension éveillée de la nature « non née » des phénomènes ».

En somme, le bon fonctionnement de l'ensemble de ces préceptes nécessite la compréhension, l'assimilation et l'application à faire vivre chacune de ces paramitas, sans en omettre une seule.

## B. Le Bouddhisme Thaïlandais

### 1. Les Principaux Courants

**Le bouddhisme Mahâyâna, มหายาน[60]**

Le courant Mahâyâna est aussi appelé la doctrine du « Grand véhicule ». Ses adeptes se répartissent, outre en Thaïlande, en Chine, en Corée, au Japon, au Tibet, et au Vietnam. Ce sont les minorités chinoises et vietnamiennes qui en règle générale le pratiquent.

Les moines ne sont pas tenus au célibat, sont végétariens et vêtus d'une tunique orange composée d'un pantalon et d'une veste. Elle est communément considérée comme le dogme des riches du fait de la

---
[60] Kapur-Fic Alexandra, *Thailand: Buddhism, society and women*, India: Abhinav Publications, 1998

réussite de la communauté chinoise dans les affaires et de leur rôle prépondérant dans les activités politiques ou économiques du pays. Les moines célèbrent les mariages, les naissances et les funérailles. Dans cette tradition les funérailles revêtent une importance particulière et il est de leur ressort d'organiser de grandes célébrations afin de réintroduire dans le cycle Karmique les personnes décédées de mal mort. La mal mort survient lors d'un décès funeste, cruel et violent.

Ce courant est résolument orienté vers les actes de compassion et la figure emblématique de celui-ci réside en le personnage du bodhisattva, qui à la différence de l'Arrhant du bouddhisme Theravâda, une fois qu'il a atteint l'éveil, se destine par ses enseignements à diffuser son savoir pour guider les autres croyants sur la voie du salut universel.

### *Le bouddhisme Theravâda, เถรวาท[61]*

On appelle aussi le bouddhisme Theravâda, la doctrine du « petit véhicule » ou bien

---

[61] Kapur-Fic Alexandra, *Thailand: Buddhism, society and women*, India: Abhinav Publications, 1998

encore « la doctrine des anciens ». Il est originaire d'Inde et semblent être apparu autour du IIIe siècle avant Jésus-Christ. C'est sa diffusion par l'empereur Ashoka qui amena plus tard le Sri Lanka à devenir le centre de rayonnement du Theravâda. Il fut officialisé plus tard en Birmanie, autour du XIe siècle, puis en Thaïlande, au XIIIe siècle et enfin au Laos et au Cambodge. La progression des ethnies Thaïs sur l'axe nord-sud qui a amené la conquête des territoires satellites de l'empire khmer, puis de la chute de l'empire lui-même, s'est accompagnée d'une forte acculturation de la cour aux traditions khmères, et donc indiennes.

La philosophie du Theravâda se veut dure, plus proche des enseignements originels du bouddha, et demande à ses fidèles de faire preuve d'une grande austérité, de même qu'une grande rigueur. Le fait que pour cette école, le meilleur moyen d'atteindre la bouddhéité, réside dans la vie monastique, créé quelques tensions internes concernant la gestion par la Sangkha, des aspirations de ses fidèles. Cette importance de la vie monastique dans le cheminement est rituelle, et explique d'ailleurs pourquoi il est si important pour les hommes de rentrer au moins temporairement dans les ordres. Les moines font vœu de célibat et sont drapés dans une toge de couleur orange. Ils doivent aussi renoncer au monde dans sa globalité. Elle destine au statut d'Arrhant les hommes qui pratiquent les principes avec rigueur, mérite, et une volonté dantesque, en insistant sur les efforts personnels et l'auto purification. L'Arrhant est une personne qui a accomplit l'illumination sans pour autant être omniscient. Il a suivi scrupuleusement les recommandations de bouddha. L'une des bases du Theravâda pour réaliser l'accumulation de mérite est la générosité envers le culte. Celle-ci doit être désintéressée et sincère. Il est à noter que la communauté chinoise est très généreuse et réalise beaucoup d'offrandes. (Ce, quelque soit le temple, Theravâda ou Mahâyâna)

La littérature sacrée du Theravâda est basée sur le canon Tipitaka, appelé aussi le canon de la triple corbeille. Il se compose de trois Pitakas que sont :

- La Vinya Pitaka, la corbeille de la discipline, qui traite de la discipline monastique, de quelques soutras et des

règles générales de fonctionnement du monastère.
- La Sutta Pitaka, la corbeille des enseignements, qui traite des soutras.
- L'Abhidhamma Pitaka, la doctrine spéciale, qui expose les éléments psychologiques et philosophiques tels que la cosmologie, où la classification des phénomènes,...
Elle comprend deux techniques de méditation qui, combinées, permettent l'illumination. Ce sont d'une part la Shamatha et d'autre part le Vipassana. La première engendre le calme et la stabilisation des émotions négatives tandis que la seconde est celle que l'on appelle la méditation de la vision profonde, de l'introspection.
L'aboutissement ultime du Theravâda et l'accession au Nirvana.

## 2. *Superstitions*[62]

La société thaïlandaise est très largement perfusée par les croyances superstitieuses et

---

[62] Bernard Formoso, *Thaïlande : Bouddhisme renonçant, capitalisme triomphant*, la documentation française, Paris, 2000, p 98 – 99 et 128 - 129

adopte des comportements en conséquence. Nous avons insisté plutôt sur le fait que « la plupart des laïcs n'ont pas de connaissance profonde du bouddhisme, mais qu'ils en connaissent assez pour l'utiliser dans la perspective de maintenir leur équilibre émotionnel et mental ».

Elle se traduit d'une part avec le recours à l'astrologie, aux esprits, aux différentes magies, et d'autre part avec la célébration de fêtes semi païennes. Les interventions magiques sont réalisées par des moines qui, du fait de leur séjour dans les temples et à la vue des pouvoirs qui leurs sont prêtés (par leur travail sur les soutras), sont considérés comme des faiseurs de miracles, qui bénissent aussi bien les taxis, que les bureaux, que les amulettes ainsi que les bars et les salons de massage.

La fête la plus célèbre réalisée par les Sino-Thaïs est le Hsiou Kou Ku. C'est un rituel de réhabilitation des fantômes errants. Elle s'organise d'une manière variable tous les deux, trois, quatre ou cinq ans et mobilise des millions de bahts. Elle permet d'assurer le salut des mauvais morts en exhumant les restes. La cérémonie les réintroduits dans le cycle Karmique. La recherche des restes se fait à l'aide de médiums. Les Chinois pensent que ce rituel leur permet de mieux contrôler les fonds sociaux cosmiques. (F, p129)

Dans les forêts, dans certains temples, au détour d'une rue, il n'est pas rare de découvrir un arbre entouré de rubans, d'habits, et d'offrandes, avec parfois même un hôtel à ses pieds. Nombreux sont ceux qui viennent rendre hommage à l'esprit qui habite cet arbre en espérant que celui-ci, ravi des offrandes, leur offrira une meilleure fortune.

Il existe aussi ce que l'on appelle les maisons des esprits, qui se trouve partout, dans les maisons, dans les bureaux du gouvernement, dans les hôtels, ... Lorsque l'on passe devant, généralement, on lui adresse un vœu. Lorsque celui-ci s'est réalisé, on doit remercier l'entité, par une offrande, qui peut prendre la forme par exemple d'une danse. (Certains payent des danseuses pour venir rendre hommage à l'esprit)

C.       <u>Bouddhisme et Société</u>

## 1.   Sangkha, Sangkhom

### La Sangkha

La Sangkha désigne une assemblée réunie autour d'un même but, et on l'associe en français au clergé. En Thaï elle est désignée sous le nom de « PhraSang », **พระสงฆ์** C'est une structure très rigide composée uniquement d'hommes. Il existe deux courants majeurs définissant les orientations du clergé. D'une part la secte Thammayuthika[63], où Dhammayuthika, qui fut établie par Ramallah IV, et d'autre part la secte Mahanikai (grand recueil). La Thammayuthika présente son propre mode d'ordination, se voulant plus proche de recommandations originelles du bouddha. Elle prône une plus grande austérité et une plus grande rigidité dans la pratique du culte. Le clergé de la Thammayuthika ne représente que 7,5 % des moines du royaume. Le mouvement jouit toujours de l'appui de la famille royale et par le passé, a été le moyen d'uniformiser les cultes, de promouvoir la langue siamoise, et aussi

---
[63] Bernard Formoso, *Thaïlande : Bouddhisme renonçant, capitalisme triomphant*, la documentation française, Paris, 2000, p 94

permis aux souverains de mieux contrôler le clergé. Elle a une fonction politique indéniable. On trouve ses temples situés dans les forêts, du fait de leur construction tardive.

Quoi qu'il en soit, les deux sectes ont une hiérarchie commune et dépendent des mêmes autorités religieuses. Le mode de fonctionnement de la Sangkha est décrit par le « Sangkha act » de 2505 (1962). C'est une instance morale et socialisatrice. Les bouddhistes, dans le royaume, représentent 56,4 millions de pratiquants. C'est la région du nord-est, le Lao-Thai, qui concentre le plus grand nombre de temples (45 %,[64]). Comme on pouvait le prévoir, c'est dans le sud qu'il y en a le moins. Il y aurait à peu près 300 000 bonzes, et économiquement la Sangkha représenterait 1,5 à 2 % du PIB

Dans la Sangkha, il faut séparer les moines professionnels, des moines temporaires, qui eux ne sont là que pour réaliser leurs devoirs de fils, ou bien pour s'acheter une nouvelle rédemption, ou pour glorifier leur statut social. Très souvent les ordinations

---

[64] Bernard Formoso, *Thaïlande : Bouddhisme renonçant, capitalisme triomphant*, la documentation française, Paris, 2000, p 94

sont complaisantes et la période d'intégration de la Sangkha est très courte. À l'image de la famille, et de la société, elle s'organise en une hiérarchie stricte.

### *La structure hiérarchique de la Sangkha[65]*

Le « Sangkha act » de 2505 remplace celui de 2484. Il contient 46 clauses et se divise en huit sections.

La première section concerne le patriarche suprême (prérogatives, devoirs,...). La deuxième section, traite du conseil des anciens. Le troisième détaille directement l'administration de la Sangkha (découpage géographique, les règles internes,...). La quatrième traite de la Niggha Kamma (censure) et les conditions pour défroquer. La cinquième aborde la question des temples, la sixième le contenu de leur religion, la septième la détermination de la punition et enfin la huitième traite de toutes les parties qui n'ont pas été évoquées précédemment. De manière assez grossière, la Sangkha s'organise ainsi :

---

[65] Rangsi Na. Sunthorn, *Administration of the Thai Sangkha,* the Chulalongkorn Journal of Buddhist studies, vol1, no2, Bangkok, 2002

Le roi est le gardien de la foi, le chakravartin. Il nomme le patriarche suprême. Celui-ci est le chef suprême de la Sangkha, il proroge les décrets patriarcaux dans le respect du Dhamma Vinya. Vient ensuite le conseil des anciens présidé par le patriarche suprême. Les membres sont compris dans une fourchette de quatre à huit personnes. Tout ecclésiastique du rang de « Somdet » siégera automatiquement au conseil, sinon les autres ecclésiastiques sont choisis à la discrétion du patriarche suprême et ils siègent pendant deux ans. Ils ont pour devoir de gouverner la Sangkha et ont le pouvoir de décret. Eux aussi sont tenus de respecter le Dhamma Vinya et doivent veiller à ce que toutes les administrations de la Sangkha aient des ecclésiastiques issus des deux tendances sectaires du Theravâda, à savoir de la Thammayuthika et du Mahanikaya. Ils évoquent les méthodes d'apprentissage, et ordonnent tout ce qui est en relation avec les divers enseignements bouddhistes. Le conseil des anciens à aussi un représentant de l'État qui se trouve en la personne du directeur général des affaires religieuses. Pour délester une partie de ce pouvoir très centralisé, les ecclésiastiques sont invités à s'occuper de leurs Nikaya respectives réparties suivant cinq secteurs que sont : le centre, le Nord, l'Est, le Sud, et la Thammayuthika. La structure se divise en fonction des différentes régions (Pak, ภาค), provinces (Jangwat, จังหวัด), districts (Amper, อำเภอ), comtes (Tabol, ตำบล).

***Fonction sociale de la Sangkha***

Les temples sont les plus nombreux dans la région nord-est et la très grande majorité des moines (60 %) viennent de cette même région. Le corollaire de cette observation est, que la société participe à la force vive de la Sangkha suivant un ordre inversement proportionnel à la richesse. [66] Formoso, illustre ainsi la relation entre la Sangkhom et la Sangkha : « *il s'opère en Thaïlande une division des tâches religieuses entre les familles de condition modeste qui fournissent le gros des bataillons de moines professionnels, et celles, aisées, qui*

---

[66] Bernard Formoso, *Thaïlande : Bouddhisme renonçant, capitalisme triomphant*, la documentation française, Paris, 2000, p 93 - 95

*contribuent matériellement au bien-être du clergé ».* Par ce biais, la Sangkha joue le rôle de répartiteur de ressources, et favorise la justice sociale.

Pourtant, le bouddhisme de Theravâda qui repose sur deux axes majeurs que sont d'une part la vie monastique et d'autre part l'atteinte de l'éveil, préconise le non attachement aux biens matériels, aussi bien qu'aux humains. Or la Sangkha ne peut se fermer à son auditoire : la Sangkhom. Elles doivent donc faire des concessions afin de satisfaire la volonté des croyants. Il en résulte indéniablement des contradictions.

Il n'empêche que la Sangkha perfuse la société et qu'elle participe très largement la lutte contre l'analphabétisme dans le pays. En effet une autre de ses hautes fonctions, est la vocation éducative du temple. Ceux-ci, le plus souvent, offrent la possibilité d'avoir accès à un enseignement général qui permet aux plus démunis de suivre une scolarité normale. Certaines études montrent qu'elle participe au gommage des ratés de l'école laïque et publique. Même si la Thaïlande fait de très gros efforts en matière d'éducation depuis une dizaine d'années il faudra peut-être attendre encore

20 ans avant de pouvoir récolter les fruits de cette politique d'éducation. Elle joue donc le rôle de promoteur social. Par le biais des donations des plus riches envers les plus pauvres, la Sangkha permet, d'une part de réduire les tensions entre les différentes classes sociales, et d'autre part, elle permet de favoriser l'assimilation de certaines communautés (À l'image des sino-Thaï qui sont les plus généreux). Il existe un système de redistribution des richesses interne à la Sangkha qui permet de réduire les disparités entre les différents lieux de culte. Ce même système permet d'aplanir les différences entre le centre et la périphérie.

Face aux travers de la société et des comportements déviants et anormaux induits par celle-ci, la Sangkha a trouvé de puissants régulateurs permettant la réinsertion sociale avec « les ordinations réitérées ». [67] La vie monacale permet aux pêcheurs d'augmenter leur mérite tout en témoignant de leur bonne volonté, ce qui permet d'apaiser les relations conflictuelles

---
[67] Bernard Formoso, *Thaïlande : Bouddhisme renonçant, capitalisme triomphant*, la documentation française, Paris, 2000, p 97

de cet individu avec son entourage. Pour Formoso, c'est un élément majeur de : « l'équilibre social ».

L'ordination a une résonance très forte dans le cœur des Thaïlandais. En effet, c'est un moyen de renverser la hiérarchie sociale, dans le sens où :

- Toute personne, riche ou pauvre, doit payer son respect aux moines, et ce quel que soit l'origine sociale de ceux-ci.
- De plus les titres acquis pendant le séjour dans la vie monastique sont perpétuées une fois de retour dans la Sangkhom au travers de titres honorifiques.
- Il y a reclassement des individus dans la fonction publique

Cette possibilité de mobilité dans la hiérarchie sociale par l'influence de la Sangkha sur l'éducation, où la normalisation des relations interpersonnelles, illustre l'importance dans la société thaïlandaise, de pouvoir progresser suivant le mérite. C'est ce que l'on pourrait appeler : « la méritocratie active ».

À ce sujet, Alexandra R.K-Fic, expose ainsi qu'au travail, par exemple, les changements qui peuvent avoir lieu peuvent être aussi bien positifs que négatifs et que rien n'est figé. Même s'il y a eu dans le passé une surcharge de karma négatif, rien ni personne n'est condamné pour l'éternité. Il ne faut pas oublier que l'ascenseur social va dans les deux sens, du bas vers le haut mais aussi du haut vers le bas.

« *La mobilité individuelle est l'une des valeurs centrales de l'ordre social thaïlandais* » et la Sangkha est l'un des moteurs de cette mobilité.

La hiérarchie sociale et la hiérarchie cléricale sont indépendantes l'une de l'autre. Ce sont deux systèmes coexistants mais non superposés. Dans la structure cléricale, les moines ne peuvent donc entrer dans les débats politiques nationaux, ils ont un devoir de retenue par rapport aux événements civils qui rythment la vie thaïlandaise et ne doivent en aucune façon prendre part aux multiples changements de gouvernements. Les moines n'ont d'ailleurs pas le droit de vote.

Cette règle pourtant, a subi au cours de l'histoire, quelques entorses, dans la période très difficile des années 70. En effet la Thaïlande traversait une importante crise sociale et identitaire. La Sangkha était corrompue et le clergé avait abandonné le comportement exemplaire qui est censé être le sien. En réaction à cela, certaines figures charismatiques de la Sangkha telles que Buddhasa Bhikku et Kittivudho Bhikku ont renoncé au silence pour proposer des modèles de société alternatifs. À cette initiative, deux mouvements ont plus tard été créés. Le premier appelé «Santi Asoke», était une secte anticapitaliste fondée par Phra Photirat(1975). La seconde, contemporaine à la première, férocement anticommuniste, glorifiait l'accumulation des richesses. Toutes deux avaient néanmoins pour point commun : la vocation à rétablir un clergé fort, moralisateur et exemplaire. Un troisième mouvement, beaucoup moins médiatisé, apparu dans les années 1980, et prit le nom de « Phra Nakpatthana », aussi connu sous le nom de « moines du développement ». Ces moines altruistes, sont partis dans les campagnes pour porter secours à la forte majorité rurale. Donald K. Swearer dresse leur portrait ainsi : ils ont « *dédicacé leur vie pour libérer les populations rurales de l'oppression, de l'exploitation, de la pauvreté et de l'ignorance* ». Ces moines faisaient des problèmes écologiques et du constat de l'écart économique grandissant entre le centre la périphérie leur thématique d'action. Agissant hors des structures cléricales et étatiques, avec de faibles moyens, ils participèrent à la réhabilitation de la Sangkha en tant que « *conscience morale de la société* ». [68] La Sangkha, en favorisant la promotion sociale, la redistribution des richesses, l'assimilation, et en maintenant l'équilibre social participe activement au bien-être de la société thaïlandaise.

## 2. L'influence du Bouddhisme sur les modèles comportementaux

Le bouddhisme influence la vision des hommes sur leur existence propre par le biais de la perception Karmique. Cette perception du karma et du temps a été développé par Niels Mulder et décrit par Alexandra R. K-Fic dans, *Thailand: Buddhism, society and women.*

---

[68] Bernard Formoso, *Thaïlande : Bouddhisme renonçant, capitalisme triomphant*, la documentation française, Paris, 2000, p 104

## *La perception Karmique et du temps*

*Niels Mulder,*

Il définit trois perceptions distinctes :

***La perception de la continuité:*** Elle s'inscrit dans la continuité des événements, des ancêtres jusqu'à l'individu lui-même. Il existe un fil conducteur qui lie les conditions des ancêtres à celle du le descendant aujourd'hui. Cette liaison entre les générations passées et présentes permet la transmission des différentes valeurs familiales, sociales, les traditions et les expériences. Cette liaison est à l'origine du fatalisme et du comportement de castes du fait de la confusion qui s'opère entre l'individu et, ses vies passées, présente et future mais aussi entre l'individu et son statut social aliéné par la condition de ses ancêtres. Cette conception est importante à noter car elle explique le fossé générationnel entre d'une part les anciens, et d'autre part les jeunes, qui de plus en plus choisissent de migrer vers les grands centres urbains. En effet, cette migration implique un changement de statut, qu'il soit positif ou négatif qui est en rupture avec la continuité familiale.

***L'animisme, puissance, Greng Jai et Greng Glua :*** Cette perception s'inspire de l'animisme et met en jeu les notions de Greng Jai et Greng Glua que nous avons décrit plus tôt. Mulder identifie, et introduit ce qu'il définit comme une « puissance amorale » qui enveloppe les individus et qui provoque chez eux deux réactions : la première, est la peur et, la seconde le besoin de la nécessité de faire alliance avec des esprits illuminés. Il utilise ce mécanisme, en le calquant sur les relations sociales pour expliquer la nature passagère des Thaïlandais, guidée par l'intérêt du moment qui existe dans la relation patron-client, et, plus largement à son sens, dans la société thaïlandaise.

***La perception Karmique du temps*** : Si comme nous l'avons vu, la notion de karma implique l'idée de fatalisme pour beaucoup, il s'agit d'une perversion de la notion de karma. En effet, ce que nous sommes, bien que résultant du passé, ne demande qu'à changer, à se modifier. C'est cette volonté de changement qui permet d'évoluer dans un premier temps, à l'échelle d'une vie et dans un deuxième temps, à l'échelle du cycle Karmique.

C'est l'animisme qui pour Mulder est à l'origine du « *génie thaïlandais pour l'adaptation, la facilité et la survie de leur valeur centrale* ». Ce trait de caractère est d'ailleurs corroboré par la sauvegarde de leur culture par-delà les difficultés de l'histoire.

Les Thaïlandais ont donc une vision différente des hindous, par la dynamique qu'ils introduisent dans la notion de karma. Ce dynamisme permet d'espérer que des bonnes actions réalisées aujourd'hui, aient une incidence rapide sur la vie de demain et bien avant une éventuelle renaissance dans le Samsara. C'est cette vision Karmique qui impacte la place qu'occupe un individu dans la hiérarchie sociale en favorisant la mobilité au sein de cette même structure.

### *Suntaree Komin,*

Suntaree Komin convient du fait que les Thaïlandais laïques, connaissent les rudiments du bouddhisme. Bien que pour la plupart d'entre eux, les détails de leur religion leur échappent, ils utilisent communément les notions de karma, le cycle Karmique, et de Nirvana. Elle admet aussi que le karma est peut-être la notion qui influence le plus la société thaïlandaise, du fait de l'adhésion qu'il suscite dans l'imaginaire collectif. Elle tempère néanmoins son propos, en introduisant le concept du Bun Wassana. Ce concept est la représentation consciente qu'ont les individus de l'inégale répartition du bonheur parmi les hommes. C'est en ces termes qu'il désigne la réussite sociale et économique mais aussi tous les événements positifs et toutes les satisfactions pouvant agrémenter la vie d'un homme. Elle est utilisée dans le cadre d'une sémantique polie, humble et courtoise embellissant les relations interindividuelles quotidiennes, mais aussi dans son sens réel, une marque psychologique de l'acceptation de l'échec. Cette démarche allège la pression infligée à l'ego, du fait de son incapacité à accomplir des objectifs et permet de mieux tolérer les échecs des uns par rapports à la réussite des autres. Suntaree Komin, souligne que le karma est associé, dans l'esprit des

Thaïlandais, à un moyen pratique pour justifier les événements négatifs, tandis que la réussite est assimilée au Bun Wassana, qui dans ce cas devient synonyme du « Chok di » (la chance).

La chance étant donc à l'origine de la réussite et le mauvais karma étant responsable des échecs, la perception Karmique des Thaïlandais résonne comme une aide psychologique permettant d'accepter et de surmonter l'échec. C'est aussi un mécanisme de protection de l'ego.

En fait, Suntaree Komin, voit dans le karma, non pas une force guidant et régulant les comportements sociaux mais plutôt d'un système de défense cognitif.

### *Les Valeurs sociales et le Bouddhisme*

De nombreux anthropologues, modélisateurs de la société thaïlandaise, ont systématiquement eu recours au bouddhisme pour expliquer la plupart des comportements observés. Cette référence systématique aux préceptes bouddhistes induit un certain nombre d'erreurs, de contresens et d'omissions dans la compréhension de la société thaïe. (Suntaree Komin)

En effet, une justification uniquement religieuse, ne peut expliquer les excès émotionnels que nous avons décrits plutôt dans le cadre des blessures d'ego. Ces explosions de violence sont pourtant en opposition directe avec les préceptes clés du bouddhisme que sont la patience (Jai Yen) et le détachement émotionnel (Cheuil, เฉย).

S'il est vrai que pour favoriser une interaction sociale harmonieuse, les manifestations d'émotions négatives doivent être jugulées pour ne laisser la place qu'aux émotions positives, il ne faut pas conclure précipitamment au détachement émotionnel systématique des Thaïlandais.

Est-ce vraiment donc le bouddhisme qui favorise cette restriction des émotions ?

La plupart des anthropologues expliquent que le calme apparent, la politesse, le comportement humble, les relations sociales harmonieuses sont le résultat direct de la philosophie bouddhiste qui prône ces comportements. Or les données empiriques recueillies par Suntaree Komin montrent que ces caractéristiques comportementales s'appliquent universellement à toutes les communautés qu'elles soient bouddhistes, musulmane, ou chrétienne. Ces résultats montrent donc que, ces comportements que l'on retrouve dans toute la population thaïlandaise, ne sont pas uniquement la résultante du bouddhisme. Suntaree Komin pousse le raisonnement un peu plus loin en cherchant à comprendre pourquoi il y a une retenue des émotions négatives, si ce n'est pas sous l'influence du bouddhisme. Les données expérimentales montrent alors qu'elles sont réprimées du fait des relations de force contenues dans la structure hiérarchique, et qu'elles seraient motivées essentiellement par le respect du supérieur.

Il semblerait néanmoins plus prudent, pour ce qui est de l'interprétation des comportements sociaux des Thaïlandais, de trouver un compromis entre les penseurs qui expliquent tout par le bouddhisme et Suntaree Komin qui tend à nier complètement son influence. En effet, en regardant de plus près, on peut mettre en évidence une connivence forte entre la religion et les comportements et ce notamment dans le cas du Bunkun qui transparaît dans de nombreuses paramitas par exemple. Il faudrait de plus, atténuer son analyse consistant à dire que si toutes les communautés sont concernées par un même comportement, alors ce comportement ne peut être dû à l'influence de la religion de l'une de ces communautés. Or c'est oublier de signaler que, d'une part le bouddhisme est religion d'État et dispose donc d'un outil phénoménal pour transmettre ses valeurs sociales : le roi et l'État. D'autre part, la très forte concentration de la population bouddhiste implique un écrasement des valeurs sociales des autres communautés en une seule et unique philosophie sociale, celle de la communauté assimilatrice.

## D. Bouddhisme, management, profilage du manager Thaïlandais

Lorsque l'idée m'est venue de traiter du sujet du Bouddhisme dans l'entreprise en Thaïlande je n'avais aucune conscience de la résonnance qu'aurait celle-ci parmi les travailleurs thaïlandais. Pour être tout à fait honnête, je ne pensais pas qu'elle était si prégnante. Pour sonder de manière grossière les directions dans lesquelles j'allais orienter mes lectures, j'ai réalisé un sondage simple, sur une trentaine de personnes, Thaïes et occidentales.

A la question de savoir si les thaïlandais pensaient que le bouddhisme influençait leur comportement au travail, la totalité a répondu par l'affirmative.

A la question de savoir si les thaïlandais voulaient que les entreprises étrangères accordent une plus grande importance au bouddhisme dans le management, la totalité a répondu par l'affirmative, une fois encore. La question soulevée alors, était celle de savoir quelles étaient les caractéristiques introduites par le bouddhisme qui conditionnaient le management local.

L'étude de la structure hiérarchique, des valeurs sociales révélatrices des modèles comportementaux, et enfin du bouddhisme dégage un certain nombre d'éléments qui permettent de profiler le manager Thaïlandais idéal. Idéal parce qu'il serait dans la continuité des habitudes managériales de sa culture mais aussi parce qu'il serait capable de faire preuve d'une grande flexibilité et saurait s'adapter à ses collègues de travail étrangers.

## 1. Le système des quatre vertus de Rajavaramuni

L'éthique sociale du bouddhisme repose sur la responsabilité individuelle qui s'inscrit à la fois dans la réalisation personnelle et au travers de relations sociales harmonieuses. Afin d'être pleinement réalisé dans la société que ce soit économiquement, intellectuellement ou moralement, Phra Rajavaramuni défini les vertus qui doivent être observées.[69]

i. Le bien-être temporaire :
- Il faut être énergique, entreprenant, être capable de manager.
- Etre attentif
- Savoir associer les bonnes personnes
- Avoir des moyens d'existence équilibrés

ii. La prospérité :
- Vivre dans un bon environnement
- Etre associé aux bonnes personnes
- Se destiner a la voie de la sagesse

---

[69] Kapur-Fic Alexandra, *Thailand: Buddhism, society and women*, India: Abhinav Publications, 1998, p 268 – 269

- S'être bien préparé a la compréhension du fond des choses

iii. La bonne vie du laïque
- Vérité et honnêteté
- L'entrainement, l'apprentissage et la formation permanente
- La patience et la tolérance
- La libéralité et l'abondance

iv. La joie suprême du laïc
- la joie de la possession
- la joie du plaisir
- la joie du non endettement
- la joie de l'irréprochabilité

2. Le profil du manager Thaïlandais

Dans la deuxième partie, nous avons décrit les 9 axes des valeurs sociales développées par Suntaree Komin. Nous les retiendrons toutes (ego, relation reconnaissante, aplanissement des relations interpersonnelles, ajustement et flexibilité, éducation et compétence, interdépendance, le plaisir et le Sanouk, et enfin l'accomplissement des taches) sauf la valeur relative à la relation entre la religion et la psyché, car nous introduirons l'aspect religieux sous le couvert des six paramitas.

Les six paramitas, on le rappelle, comprennent : la générosité, la conduite éthique, la patience, la persévérance, la méditation et la sagesse. Nous lierons l'ensemble au système des 4 vertus de Rajavaramuni.

Le profil du manager Thai devrait ressembler à cela :

**A. Le manager devra être capable de créer un environnement sain, ou prévalent les relations interpersonnelles harmonieuses et respectueuses :**

{Générosité, Ego} ; {Patience, Ego} ; {conduite Ethique, Aplanissement RI} ; {Patience, ARI} ; {générosité, ARI}

- Porter le sourire et la joie sur son visage
- Se comprendre et comprendre les autres
- Savoir s'entourer et savoir constituer des équipes harmonieuses
- Il doit être bienveillant
- Se sentir concerné par les autres

- Parler poliment, avec humilité
- Garder sa colère enfouie
- Eviter les réactions hâtives et violentes
- Savoir choisir les bons mots, consciencieusement
- Etre indulgent
- Bien se présenter, être digne

**B. Savoir entretenir la dynamique individuelle et collective en favorisant une communication honnête, et l'émulation intellectuelle**

{Conduite Ethique, Ajustement} ; {Conduite Ethique, Education} ; {Persévérance, Education} ; {Persévérance, Plaisir/Sanouk} ;
{Persévérance, Accomplissement des Taches}

- Savoir axer les relations sur la consultation et la communication
- Faciliter la communication verticale
- Instruire ceux qui sont ignorants
- Développer, cultiver les compétences du personnel
- Favoriser la participation active

- Entretenir ses connaissances, ne rien prendre pour acquis
- Aider le personnel à garder un esprit positif
- Aider le personnel à prendre plus d'initiative
- Aider le personnel à travailler avec acharnement mais dans la joie
- Encourager le personnel à travailler dans le même sens (développer le sens du travail en équipe, lacune ++ en Thaïlande)
- Faire bon usage de l'humour
- Auto-motivation


**C. Etre capable de justifier de son rang, de son statut dans la hiérarchie, encourager le respect mutuel, prendre ses responsabilités et répondre de ses actes.**

{Conduite Ethique, Interdépendance} ;
{Persévérance, Interdépendance} ;
{Conduite Ethique, Relation Reconnaissante}

- Savoir porter secours a ceux qui en ont besoin

- Protéger les subordonnés
-     Inspirer le respect par son talent
- Inspirer la loyauté et la confiance
- Tenir ses engagements
- Accorder du crédit a ses subordonnés.
- Respecter les tours de paroles

**D. Etre Capable de voir sa position dans son ensemble, avoir une vision globale.**

{Patience, accomplissement des taches} ; {méditation} ; {sagesse}

- Evaluer la performance
- Prévoir
- Planifier
- Prendre les opportunités des quelles se présentent
- Considérer et prendre soin de l'entreprise dans son ensemble

CHAPITRE IV

# INTERCULTURALITE ET POTENTIALISATION DES RELATIONS BINATIONALES DANS L'ENTREPRISE

Le monde d'aujourd'hui s'oriente inexorablement vers la mondialisation. Outre le fait qu'elle terrorise bon nombre de personnes et qu'elle pose la question de la place de l'identité dans ce magma rugissant, elle oblige les générations présentes à se penser, non seulement dans sa propre culture, mais aussi à se préparer à une éventuelle projection dans des cultures différentes. Les entreprises ont de plus en plus besoin de personnels ouverts, plurilingues et flexibles, capables de s'adapter rapidement à des environnements variables. Pour faire face à cette demande accrue de cadres destinés à l'international, les écoles, les universités ont été obligées de prendre un certain nombre de mesures permettant à leurs élèves de potentialiser leurs chances de vivre pleinement leur éventuelle expatriation future. Pour ne prendre qu'un exemple qui me concerne plus particulièrement, le fait qu'Euromed Marseille incite ses étudiants à découvrir d'autres cultures par le biais du « Pro-Act international », qui est d'ailleurs un pré-requis diplômant, et renforce ses enseignements en langue, avec le «Pro-Act Langues » notamment, montre bien tous les enjeux que constitue l'employabilité à l'international. Ceci est aussi corroboré par la multiplication des sites extra hexagonaux (Chine, Maroc,...).

L'adage disant que, la compréhension du « soi » est la limite de la compréhension de l'autre, illustre bien la complexité de la tâche qui attend celui qui se destine à travailler en immersion dans une culture étrangère. La réussite de cette entreprise, est déjà conditionnée et limitée par la capacité d'auto-analyse, d'auto-compréhension qu'un individu peut avoir.

Cette dernière partie s'intéresse aux différentes modalités, aux différentes méthodes de gestion des hommes qui permettent de faciliter l'intégration, la communication, la coopération au sein d'équipes binationales.

Nous posons le problème d'une manière assez particulière puisque nous nous intéressons ici à décrire les mécanismes qui entrent en jeu lorsqu'un individu issu des cultures occidentales est amené à travailler avec des nationaux thaïlandais sur le territoire thaïlandais. Nous précisons un peu plus le sujet, en spécifiant que nous ciblons plus particulièrement les cadres.

En clair, notre problématique consiste à déceler les différents paramètres à prendre en compte pour harmoniser les relations de travail des couples binationaux, pour réduire le temps d'acculturation des cadres expatriés et par cela augmenter la profitabilité des entreprises concernées.

Pour cela, nous allons déterminer les modalités du management interculturel, analyser le fonctionnement de la communication interculturelle, révéler la manière dont les individus concernés se perçoivent et enfin essayer de proposer quelques solutions pour l'harmonisation et la potentialisation de la coopération interculturelle.

A.  Interculturalité et management

1.  La rencontre des cultures amorce l'interculturalité

Tous les individus dès leur naissance sont imprégnés par la société. Dans la plupart des cas c'est à la famille qu'il incombe de socialiser ses enfants. Cette socialisation, cet apprentissage de la norme sont soumis à ce que l'on peut appeler la culture nationale. Cette culture nationale englobe d'un certain nombre de sous-cultures qui sont fonction de l'appartenance ethnique, de l'appartenance géographique, de l'appartenance religieuse,... Nous vivons donc en permanence dans un monde pluriculturel. C'est un élément d'autant plus vrai dans nos sociétés occidentales du fait de la place importante de l'immigration.
Laplantine (1987), donne une définition anthropologique de la culture. Il la définit comme : « *l'ensemble des comportements, savoirs, savoir-faire caractéristiques d'un*

*groupe humain ou d'une société donnée, ces activités étant acquises par un processus d'apprentissage et transmises à l'ensemble de ses membres* ».

Il considère donc la culture dans un sens très large où il insiste sur le « processus d'apprentissage » et la notion de « transmission ». Quels sont les éléments qui dans la société permettent cet apprentissage et cette transmission. Hors de la structure familiale, c'est l'ensemble des personnels enseignants, la littérature, la musique, les médias. Cette composante de l'apprentissage et de la transmission de la culture est importante à souligner car c'est elle qui va influencer la perception de « l'autre », l'étranger. C'est pourquoi certains, comme Edward T Hall, la décrivent comme une habitude : « *la culture lie les hommes de manière inconsciente, l'emprise qu'elle exerce n'est rien de plus que la routine des habitudes* »[70]

HJ Lusebrink[71], dégage de la définition anthropologique la culture deux concepts

---

[70] Hall T. Edward, Le langage silencieux, p 212
[71] Lusebrink Hans Jürgen, *les concepts de « culture » et « d'interculturalité » : approche de définitions et enjeux pour la*

que sont la représentation, décrite comme « *des modes de perception collective s'articulant dans des atouts des textes* » et l'appropriation culturelle.

La culture nationale, appelée aussi culture différentielle, a une influence sur la construction de l'individu. Elle thématise et présente son identité tout en la façonnant à l'image de l'identité collective. La culture induit donc le façonnage de l'identité, la représentation du « soi » et la perception de l'autre. (Lusebrink)

Lorsque plusieurs cultures se confrontent, volontairement et pacifiquement, il se met en place un certain nombre de mécanismes. L'interaction culturelle, ou plutôt l'interaction des cultures, s'opère entre deux individus, définis par leur représentation du « soi », dont la perception de l'autre est imprégnée de leur culture nationale respective. Un transfert s'opère alors. Lusebrink introduit la notion d'interculturalité par la définition de Maletzke : « *des personnes de cultures différentes se rencontrant, nous qualifions*

---

*recherche en communication interculturelle*, Université de Saarbrugen, Allemagne, bulletin no30, Avril 1998 *les processus impliqués de « communication interculturelle » et « d'interaction culturelle » [...] Nous utilisons ces deux termes lorsque les partenaires des cultures différentes sont conscients du fait que l'autre est vraiment différent et qu'ils reconnaissent réciproquement leur altérité ».* Plus tôt nous avons vu l'influence que pouvaient avoir certaines personnes, qui jouent, il est vrai, un rôle indirect dans la construction et la transmission de la culture (les professeurs, les médias,...). Néanmoins, ce constat nous incite à penser que la définition décrite plus haut est trop restrictive et que, l'élargissement de ce concept à tous les éléments qui peuvent être constructifs dans les interactions interculturelles, se justifie aisément.

2.   Le management interculturel

### *Interculturalité et entreprise*
Dans la section précédente, nous avons établi la notion d'interculturalité dès lors que deux personnes de cultures différentes

interagissent entre elles dans un respect mutuel. La situation du cadre expatrié en Thaïlande remplit ces conditions. Dans ce contexte, il va se confronter avec son bagage culturel à des collègues de travail qui sont dans leur environnement culturel propre. Dès lors que le travail dans l'entreprise risque de pâtir d'une mauvaise gestion de son intégration, il convient de définir ce que pourrait être l'interculturalité dans l'entreprise.

En somme, toute entreprise porte avec elle un certain nombre de valeurs. Ces valeurs lui permettent de façonner, à l'image de ce que pouvait faire la culture nationale, le profil de ses employés en ce sens qu'elle se doit de comprendre leurs réactions, de s'assurer de la bonne transmission des messages, de gérer au mieux la constitution des équipes de telles sortes qu'elles soient cohérentes. Elle se doit aussi d'agir a proximité de ses employés pour réduire, prévenir, et corriger la survenue éventuelle de tensions et de contradictions.

Dès qu'une entreprise fait interagir des employés de cultures différentes, la gestion managériale se complexifie. En effet, la relation interculturelle lorsqu'elle n'est pas encore bien fonctionnelle est assortie de nombreuses frustrations, tensions, contradictions. C'est pourquoi, il est du devoir de l'entreprise, puisque la confrontation des cultures dans le travail est inévitable dans une économie mondiale, de prendre en compte ces différences culturelles et de stimuler les apports dynamiques entre les acteurs concernés.

Dans le chapitre précédent, nous avons pu identifier dans l'entreprise un certain nombre d'influences culturelles :

Dans un premier temps, lorsque nous avons décrit les valeurs sociales et les modèles comportementaux des Thaïlandais, nous avons fait état que ce qui est afférent à la notion de culture nationale.

Dans un second temps, par l'analyse de la structure hiérarchique, c'est-à-dire dans les relations verticales et horizontales qu'elle induit, nous avons révélé la culture organisationnelle.

Enfin, dans un troisième temps, par la définition des différents groupes socioculturels, nous avons entraperçu la notion de culture professionnelle.

C'est cet ensemble de cultures, qui régit la vie de l'entreprise en Thaïlande et c'est avec cet ensemble culturel que le cadre expatrié va devoir interagir. C'est l'interaction entre ces différents groupes culturels, c'est-à-dire, de la culture nationale, de la culture organisationnelle, et de la culture professionnelle, avec le bagage culturel de l'expatrié qui constitue l'interculturalité.

### *Le management interculturel (Merkens)*

Hans Merkens[72] se sert des théories de psychologie interculturelle pour introduire son propos. Cette discipline, en s'inspirant de la linguistique, a élaboré le système {EMIC, ETIC}. Il explique que l'appellation « EMIC » provient du mot « PHONEMIC », qui désigne les particularités d'une langue ; et que l'appellation « ETIC » vient du mot « PHONETIC » qui désigne les règles universelles régissant la langue.

ETIC correspond donc aux aides universelles qu'il convient de respecter dans le management.

230230193————————————

[72] Merkens Hans et Jacques Demorgon, *Les cultures d'entreprise et le management multiculturel*, première partie : *Management interculturel*, textes de travail de l'OFAJ, Lecture en ligne : http://www.ofaj.org/paed/texte2/intmanagfr/intmanagfr.html

EMIC correspondant aux règles qui sont nécessaires dans une culture bien précise.

Il décrit un autre couple de concepts établis par Kagitcibasi (1992) qu'il semble trouver plus approprié :

- Les « *universal constructs* » ou concepts universels
- Les « *indigenous constructs* » ou concepts locaux

Les concepts universels « *désignent les éléments du management à gérer globalement selon un modèle similaire : controlling, séquences de travail,...* »

Les concepts locaux représentent « *telles ou telles particularités nationales, ainsi que des formes particulières de la production, mais aussi de l'organisation interne, la coopération des fournisseurs, des valeurs particulières,...* »

Le management interculturel consiste à faire coexister les concepts universels, les concepts locaux suivant des dosages qui sont fonction des entreprises qui mettent en place la stratégie interculturelle. En effet, Merkens, indique que les influences respectives des concepts universels ou des concepts locaux seront variables suivant la

nature culturelle de l'entreprise qui se répartit en trois grandes catégories que sont :
- Les entreprises ethnocentriques
- Les entreprises polycentriques (fédérales)
- Les entreprises géocentriques (globales)

Exemple : Une entreprise française ethnocentrique qui se baserait en Thaïlande, considérerait les concepts locaux français comme étant les concepts universels à respecter dans toutes ses filiales.

B.  La communication interculturelle

1.  Le langage

La parole est l'outil de la communication. Elle permet de réaliser le codage des informations avant qu'elles puissent être transmises et exploitables par autrui. Ce codage s'applique aussi bien à la désignation des choses, des émotions, de ce qui est présent, de ce qui n'est pas, et autres éléments abstraits. Dans sa thèse intitulée « la parole, approche physiologique et anthropologique », remarquable soit dit en passant, Gabriel Salge[73], décrit trois circuits de régulation de la parole que sont le circuit privé (régulation de la parole par les perceptions ressenties au niveau des organes phonatoires), le circuit court (régulation par le système auditif du sujet) et enfin, celui qui nous intéresse dans le cadre de la communication, le circuit public qui consiste en l'appréciation des effets de la parole sur l'auditoire. Il décrit cette dernière comme ayant une « *activité radar* ». Ce circuit de régulation, s'il en est besoin, souligne que la parole et le langage ne se suffisent pas à eux-mêmes dans le cadre de la communication avec un autre individu. Il décrit aussi les six fonctions du langage, à savoir les fonctions expressive, conative, référentielle, poétique, méta linguistique, et enfin phatique. Cette dernière joue un rôle prépondérant dans la communication puisqu'elle représente « *la connexion physique et psychologique qui [...] Permet d'établir et de maintenir la communication* ».

---

[73] Salge Gabriel, La parole, *Approche Physiologique et Anthropologique*, Graphos, Marseille, Avril 2009, p 72 – 78

## 2. Les mécanismes de la communication

### *Les mécanismes généraux (Merkens)*

Merkens[74] appuie ses travaux sur les éléments développés par Humboldt, 1956. Il présente alors un schéma à peu près équivalent à celui-ci auxquel j'ai ajouté quelques éléments.

---

[74] Merkens Hans et Jacques Demorgon, *Les cultures d'entreprise et le management multiculturel*, troisième partie, textes de travail de l'OFAJ, Lecture en ligne : http://www.ofaj.org/paed/texte2/intmanagfr/intmanagfr.html

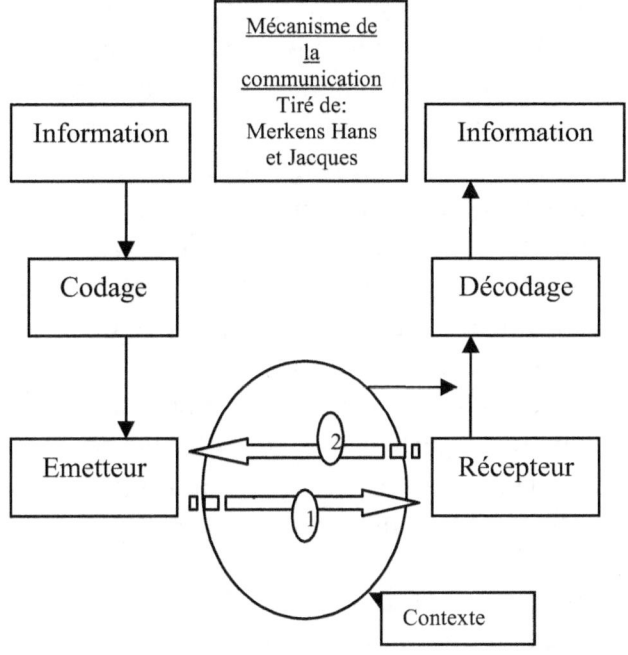

Fig.7 Mécanisme de la communication

Explications :

L'information perçue par l'émetteur est codée par le langage. Elle est transmise par numéro 1 au récepteur par le biais de la parole. Le récepteur reçoit le signal de la parole et doit le décoder en un langage intelligible pour lui, qui lui permette de se représenter l'information. La transmission numéro 2, est un ensemble de réponses corporelles ou orales qui permet à l'émetteur de percevoir l'effet de la transmission du message sur le récepteur.

Dans le meilleur des cas, en considérant que l'émetteur et le récepteur parlent la même langue, le récepteur décodera correctement les informations transmises par l'émetteur et il comprendra l'information. Néanmoins, même dans le cas où l'émetteur et le récepteur parlent la même langue, le décodage peut être impropre et l'information mal interprétée, ou mal comprise.

Les risques d'erreurs se multiplient dès lors que l'émetteur et le récepteur ne parlent pas la même langue, mais où l'un des deux soit essaie de parler la langue de l'autre, soit l'un des deux essaie de comprendre la langue de l'autre.

Il faut ajouter encore un élément qui peut perturber la compréhension, le décodage de la transmission de l'information. C'est le contexte communicationnel.

### *Le cas particulier de la langue exogène*

Dans le cadre d'une relation entre deux individus ne parlant ni la langue maternelle de l'un, ni la langue maternelle de l'autre, les individus ont généralement recours à l'utilisation d'une langue exogène. Sans entrer dans les détails de niveau de l'un ou de l'autre des intervenants dans cette langue, la communication s'en trouve d'autant plus contrariée. En effet, en plus de tous les éléments que nous avons vu plus tôt qui compromettaient déjà les chances de compréhension, s'ajoutent ici tous les problèmes liés à la prononciation des phonèmes, les différences de sonorité, de ton, et de mélodie linguistique.

C.  <u>La perception culturelle croisée</u>

Cette liste de perceptions est non exhaustive, réalisée à partir d'un questionnaire comportant deux volets. D'une part un questionnaire spécifique aux Thaïlandais et l'autre par un questionnaire spécifique aux expatriés. Le pool de personnes ayant répondu est modeste :

trente personnes dont vingt et un Thaïlandais et neuf d'expatriés. (Documents annexes).

1. La perception des expatriés par les Thaïs

Pros :

La loyauté, le respect de la hiérarchie, le sourire, le sens de la politesse, l'optimisme, le sens de l'appartenance, la capacité de travailler pendant des heures sans poser aucune question, la sensibilité, la patience, la capacité qu'ils ont à développer des relations personnelles avant de faire du business, la tolérance, la douceur, l'ouverture d'esprit, le respect des personnes plus âgées, le Greng Jai, Hai Griat.

Cons :

Pas d'initiative, incapacité à séparer la vie professionnelle de la vie privée, le mauvais anglais, la crainte de faire face au problème, le manque d'efficacité et d'innovation, la peur de discuter, l'apparente dilettante, l'incapacité à respecter les Dead line.

2. La perception des Thaïs par les expatriés

Pros :

Les efforts faits pour comprendre la culture thaïlandaise, les efforts pour essayer de gommer les disparités, très ouverts d'esprit, très énergiques, ils cherchent l'assentiment des autres, le traitement équitable, une distance hiérarchique plus faible, le professionnalisme, l'orientation pour les résultats.

Cons :

Ils traitent les Thaïlandais en inférieurs et considèrent la Thaïlande comme un pays sous-développé, ils pensent que les Thaïlandais sont paresseux, ne font pas confiance aux employés locaux, ils se comportent comme s'ils étaient en vacances, manquent de tact, ils croient nous connaître et ne comprennent pas nos comportements.

## D. Harmonisation et potentialisation de la coopération binationale

### 1. Les ateliers de formation

Aujourd'hui, lorsqu'une entreprise décide d'envoyer l'un de ses employés dans l'une de ses filiales, elle a recours à des ateliers de formation censés préparer au mieux le départ de ses employés. La nécessité de ces ateliers est indéniable, mais la question est de savoir s'ils répondent aux aspirations véritables des employés. Les employés sur le départ recherchent a découvrir les composantes cognitives et affectives du peuple auquel ils vont devoir se confronter. Or en cela, les ateliers de travail ne peuvent apporter une réponse satisfaisante du fait de leur faible duré dans le temps. Il semblerait plus opportun d'allonger le temps de ces séminaires ainsi que leur rémanence. Un suivi de l'employé sur place, avec des activités éducatives et culturelles, sur des périodes de six mois avec des rendez-vous hebdomadaires pendant les trois premiers mois, puis mensuels pour les trois derniers mois me semblerait être un bon compromis.

## 2. La tempérance par la méditation

Enfin pour terminer notre propos, nous rajouterons à ce mémoire une petite pincée de zen, et nous allons parler plus précisément des techniques de méditation qui peuvent être utilisées pour favoriser une meilleure tempérance de nos travailleurs expatriés. La technique est assez simple dans l'idée, un petit peu plus complexe à mettre en pratique, mais quoi qu'il en soit, que sa pratique soit un succès ou que ses résultats soit un peu plus mitigés, il n'y a que de bonnes choses à tirer de cette pratique.
Ringou Tulkou Rimpotché nous propose ici de suivre les enseignements prodigués par Tilopa. Il le présente comme étant un homme qui pilait les graines de sésame pour en faire de l'huile qu'il revendait ensuite aux prostituées. C'est pendant ses heures de travail qu'il a développé une méthode particulière de méditation. Cette

technique est aussi appelée la technique de la « sagesse spontanée ».

Cette méthode de méditation comporte six étapes, dont certaines ne sont concevables que si l'on a l'habitude de méditer fréquemment. Je soulignerai les étapes qui sont peut-être un peu plus délicates.

1.**Ne pensez pas** : il s'agit ici de n'accorder aucune importance au souvenir, de s'alléger du poids du passé, de ne pas lui laisser prendre prise et d'oublier.

2.**Ne réfléchissez pas** : il s'agit ici à l'inverse, de ne pas oublier le passé mais d'oublier le futur. Abandonner les projets le temps de la méditation, laisser sa souffrance de côté, abandonner ses espoirs,...

3.**Ne connaissez pas** : il faut faire abstraction de tout dans l'idéal. On pourrait aussi traduire cette recommandation par « ne soyez pas vigilant ». Or Ringou Tulkou Rimpotché explique que lorsqu'on n'a pas l'habitude de méditer, la vigilance fait partie des recommandations que les maîtres peuvent faire. À nous d'essayer de cheminer au mieux en sachant cela.

4.**Ne méditez pas** : toujours garder à esprit, qu'il faut s'affranchir des concepts, lâcher prise.

5.**N'analysez pas** : là encore, les écoles préconisent au début d'analyser la situation afin de ne pas laisser les esprits vacants, de ne pas se laisser distraire. Néanmoins avec le travail il faut réussir à ne plus juger, ni examiner et être libre.

6. **Laissez l'esprit à lui-même**

Je crois sincèrement que ces quelques préceptes méritent qu'on s'y attarde si ce n'est pour trouver l'éveil, pour trouver la paix et le calme.

# CONCLUSION

Dans ce travail, j'ai essayé de présenter les différents aspects de la culture thaïlandaise, à mon sens essentiels, permettant de développer des relations fortes et durables avec les Thaïlandais. Il y a une certitude, l'apprentissage de la langue seule n'est pas suffisante pour comprendre les différents mécanismes qui sont en jeu dans la société Thaïe.

D'un point de vue historique, nous avons pu constater la forte adaptabilité du peuple thaï, son sens aigu de la politique régionale, son aptitude à survivre dans les situations les plus défavorables. Nous avons aussi pu souligner l'importance du bagage historique dans la société thaïlandaise contemporaine. Le système hiérarchique, si fréquemment cité, n'est que la partie émergente de l'iceberg historico-social. Les nombreuses tempêtes qui agitent le paysage politique depuis 50 ans traduisent en plus de la maturation démocratique qui s'opère dans le pays, les interrogations de tout un peuple qui cherche ses repères. L'aridité des modèles sociaux renvoie les Thaïlandais en permanence vers les projections cognitives rassurantes que sont l'armée et la Sangkha.

Du point de vue sociétal, il nous a été donné, grâce au travail de plusieurs universitaires de mieux appréhender les préoccupations des Thaïlandais. Un grand nombre de ces comportements que nous avons pu relever se repèrent assez facilement lorsque l'on est immergé dans la culture. Mais l'aspect global tel que la décrit Suntaree Komin est beaucoup plus difficile à saisir. Niels Mulder, qui parle, lit et écrit le thaï, de son propre aveu, n'a jamais réussi à établir une relation amicale durable avec un thaïlandais.

D'un point de vue religieux, nous avons pu démontrer que, malgré la connaissance approximative de leur religion, les thaïlandais étaient très pieux et que la religion était solidement ancrée dans la société Thaïlandaise.

Enfin, le développement de l'interculturalité est pour moi, et j'ose espérer avoir réussi à le démontrer, le moyen le plus efficace pour faire coexister des cultures côte à côte. Nous avons pu aussi justifier, que la connaissance de la culture Thaïe était primordiale dans la réalisation d'une coopération binationale réussie et ce, dans l'intérêt des employés expatriés, des employés thaïs et des entreprises qui les emploient.

C'est avec émotion que je termine ce mémoire qui m'a permis, en l'espace de sa conception, de me projeter mentalement à nouveau dans cette culture que j'aime et respecte tant.

# *Bibliographie*

Amselle Jean-Loup,
« *Vers un multiculturalisme français. L'emprise de la coutume* »,
Aubier, Paris, 1996

Chaminade Jacques,
« *Drus propos* »,
Paris, Dervy, 1997

Embree John F,
« *Loosely structured social systems: Thailand in comparative perspective* »,
Hans Dieter Evers edition (cultural report edition series n17), new haven,
Yale University (SEAS), 1969

Formoso Bernard,
« *Michel Bruneau, L'Asie d'entre Inde et Chine. Logique territoriales des états* »,
l'homme, 2008

Formoso Bernard,
« *Thaïlande : Bouddhisme renonçant, capitalisme triomphant* »,
La documentation française, Paris, 2000

Hall T. Edward,
« *Le langage silencieux* »,
Editions du Seuil, 1959

Halley George T, Chin Tiong Tan,
« *East vs. west: strategy marketing management meets the Asian network*»,
The journal of business and industrial marketing, special issues on B2B marketing in Asia, vol. 14, n`2, 1999

Jumsai M.L.Manich,
 M.A., Dr. Ed,
« *Dictionnaire Thaï – Français* »,
Chalermnit, Bangkok, 2006

Komin Suntaree,
«*Psychology of the Thai people: Values and behavioral Patterns*»,
National Institute of Development Administration (NIDA), Bangkok, 1991

Hanks Lucien M,
*The Thai social order as entourage and circle*
In Skinner and Kirsh, 1975
*La grande encyclopédie Larousse,*

Librairie Larousse, canada, 1976

Lusebrink Hans Jürgen,
«*Les concepts de « culture » et « d'interculturalité » : approche de définitions et enjeux pour la recherche en communication interculturelle* »,
Université de Saarbrugen, Allemagne, bulletin no30, Avril 1998

Merkens Hans et Jacques Demorgon,
« *Les cultures d'entreprise et le management multiculturel* »,
Troisième partie, textes de travail de l'OFAJ, Lecture en ligne

Mulder Niels,
« *Everyday life in Thailand: an interpretation* »,
Duang Kamol editions, 1985

Rangsi Na. Sunthorn,
«*Administration of the Thai Sangkha*»,
The Chulalongkorn Journal of Buddhist studies, vol1, no2, Bangkok, 2002

Rimpotché Ringou Tulkou,
« *Et si vous m'expliquiez le Bouddhisme* »,

Nil éditions, Paris, 2001

Salge Gabriel,
« La parole, *Approche Physiologique et Anthropologique* »,
Graphos, Marseille, Avril 2009

Swearer K. Donald,
*«The Buddhist world of South East Asia»*,
State University of New York press, Albany, State University of New York, 1995

# Annexe 1
# Photos

Lors de la fête du nouvel an Thai,
Appelé Songran, il est fréquent de
Rendre hommage aux anciens.
Vous remarquerez que les plus âgés
Sont sur la gauche.
La hiérarchie se retranscrit par l'
Ordre dans lequel les hommages
Sont rendus. Ici de la droite vers la gauche.

*Le Nangpabpiap*

# Annexe 2
# Questionnaires

Thai nationals. *คนไทย*
Questionnaire - *คำถาม*
Send To jeanlouismartinetti@gmail.com

Gender: M / F
*เพศ*
Position:
*ตำแหน่ง*

Please answer in Thai, English, French or German.

I. Overview
**ภาพรวม**

1. Are you a Thai national working in Thailand or a Thai national working overseas?
**คุณเป็นคนไทยที่ทำงานในเมืองไทย หรือเป็นคนไทยที่ทำงานในต่างประเทศ?**

2. How good do Expat manager adapt them self to the Thai working style?

ผู้จัดการชาวต่างชาติดัดแปลงตัวพวกเขาเองอย่างไรให้ดีเพื่อทำงานในรูปแบบไทย?

3. According to you, how long did it take before your expat coworker to be fully efficient? (months)

ในความคิดของคุณ ใช้เวลานานแค่ไหนที่ฝรั่งจะทำงานให้ได้ประสิทธิภาพดีในไทย?

4. please list below expats 5 strengths

กรุณาให้ความคิดเห็นเกี่ยวกับความแข็งแกร่งในการทำงานของฝรั่ง 5 ข้อ

5. Please list below expats 5 weaknesses

กรุณาให้ความคิดเห็นเกี่ยวกับจุดอ่อนในการทำงานของฝรั่ง 5 ข้อ

6. Do you think expats show interest in Thai culture? (learning Thai, history, religion…)

คุณคิดว่าชาวฝรั่งแสดงความสนใจในวัฒนธรรมไทยไหม? (เรียนภาษาไทย, ประวัติศาสตร์, ศาสนา และ อื่นๆ)

7. If no, do you expect them to?
ถ้าไม่, คุณจะยอมรับพวกเขาไหม?

8. Do you feel qualified for your position? Circle your answer
สำหรับตำแหน่งของคุณ คุณรู้สึกได้ที่ผ่านการรับรองไหม? วงกลมคำตอบของคุณ

-Under qualified
ต่ำกว่าที่ผ่านการรับรอง

-Qualified
ที่ผ่านการรับรอง

-Overqualified
สูงกว่าที่ผ่านการรับรอง

II.     Behaviors
**พฤติกรรม**

1. Quickly describe the behavior of an Expat that might have made you feel uncomfortable

สิ่งที่ฝรั่งแสดงพฤติกรรมออกไปและอาจจะทำให้คุณรู้สึกไม่สะดวกสบาย

2. Which of your behaviors might have frustrated your expat coworkers?

สิ่งที่คุณได้แสดงพฤติกรรมออกไป อาจจะทำให้ฝรั่งผิดหวัง?

3. What would you like expat coworkers to do to help the multicultural cooperation to be more efficient?

คุณต้องการอยากให้ฝรั่งช่วยทำอะไรที่จะช่วยให้ในการทำงานมีประสิทธิภาพมากขึ้น?

4. Do you think that companies should organize formation programs to help multinational (farang – Thai) teams to be more performing?

คุณคิดว่าบริษัทควรจะจัดองค์กรการฝึกอบรมเพื่อช่วยเหลือหลายๆ ประเทศ ฝรั่ง ไทย ในการทำงานให้มีประสิทธิภาพมากขึ้น?

III. Communication and conflict management

**การสื่อสาร**

1. Rate your English Skills from 1 to 10 (1 beginner, 10 fluent)

ชั้นทักษะภาษาอังกฤของคุณจาก 1 ถึง 10

2.   What other languages besides Thai can you speak?

ภาษาอะไรที่คุณสามารถพูดได้อีก?

3. Did you have any conflicts with your Expat coworkers? If yes, how did you manage to solve them?

คุณมีการทะเลาะกับชาวฝรั่งหรือไม่   ถ้ามี, คุณจะทำอย่างไรในการแก้ปัญหา?

IV.   Buddhism and management

ศาสนาพุทธ และ การจัดการ

1.   Do you think Buddhism has an influence on Thai behavior at work?

คุณคิดว่าศาสนาพุทธมีอิทธิพลต่อพฤติกรรมคนไทยในที่ทำงานไหม?

2. If yes, can you give concrete example?
ถ้าใช่ คุณสามารถยกตัวอย่างได้ไหม?

3. Would you appreciate foreign companies to be more respectful of Buddhism and to introduce a Buddhist approach to management?
คุณจะขอบคุณที่บริษัทต่างประเทศเคารพศาสนาพุทธให้มากขึ้นและเพื่อแนะนำศาสนาพุทธให้เข้ามาใกล้กับการจัดการไหม?

4. Do you think a Buddhist approach to management would be a good alternative to uncontrolled capitalism?
คุณคิดว่าศาสนาพุทธเข้ามาใกล้กับการจัดการจะเป็นข้อเลือกที่ดีต่อ

ลัทธิทุนนิยมที่ไม่มีการควบคุมไหม?

## V. Thai working overseas
**คนไทยที่ทำงานในต่างประเทศ**

1. Which of your skills raised by working abroad?
อันไหนเป็นการฟื้นทักษะต่างๆของคุณโดยการทำงานต่างประเทศ?

2. Do you think that you would have to re-learn about your own culture before to be able to work again in Thailand?
คุณคิดว่าคุณจะมีการเรียนรู้อีกครั้งเกี่ยวกับวัฒนธรรมของคุณเองก่อนเพื่อให้สามารถทำงานอีกครั้งในเมืองไทยไหม?

## Annexe 3
## Expressions

Kit yangai kop hood yang nun
Dire ce que l'on pense
คิดยังไงก็พูดอย่างนั้น.

Orn nork khaeng nai.
Une main de fer, dans un gant de velours
อ่อนนอกแข็งใน.

Man sai = jalousie (อิจฉา) + dégout (รังเกียจ) Dérangeant
หมั่นไส้.

Pen tua khong tua eng.
Etre soi-même
เป็นตัวของตัวเอง.

Rak sa (Nam jai) gan.
Etre préyenant
รักษา (น้ำใจ )กัน.

Ja aow aria kan nak naa.
Ne soyez pas trop rigoureux, c'est absurde
จะเอาอะไรกันนักหนา.

Pen rueng lek.
C'est un petit problème
เป็นเรื่องเล็ก.

Mai chai rueng kho khad baad tai.
Ce n'est une affaire de vie ou de mort
ไม่ใช่เรื่องคอขาดตาย.

Tuk yang kai kae khai kan dai.
Tout peut être adapté
ทุกย่างกายแก้ไขกันได้.

Khing wai korn pho sorn wai.
Faites tout votre possible pour survivre
เก่งไว้ก่อนพ่อสอนไว้.

Chao chaam yen chaam.
Léthargique
เช้าชามเย็นชาม.

Pho kin pho chai.
Avoir assez à manger et à dépenser
พอกินพอใช้.

**Depot legal: Mai 2010**
© 2010
**BOD**

www.ingramcontent.com/pod-product-compliance
Lightning Source LLC
Chambersburg PA
CBHW050205230526
45470CB00001B/247